香港人在
台灣
觀鳥

鄭國上／著

緣起
台中大雪山

　　閱讀描述台灣賞鳥地點的書本，都提到大雪山是一個
必要到訪的觀鳥聖地，紀錄超過一百多個鳥種，在香港觀
鳥已有好幾年光景，應該有條件去台灣觀鳥。定下計劃，
安排行程，訂購機票，前往台中，要登上大雪山國家森林
遊樂區，這旅程是首次到訪台中。

　　三月分一個早上，從香港赤鱲角機場乘坐航班前往台
中清泉崗機場，轉乘公車往台中車站，到達時已經是中午
過後。車站正在進行改建工程，附近一帶的建國路塵土飛
揚，趕忙登記進住酒店，聯絡上大雪山民宿老板，約定隔
天出行時間，就安心休息。

　　第二天從酒店退房，坐上民宿預約車子，從台中火車站出發，走國道前往東勢區方向，經過豐原區、石崗區，再跨過東勢大橋，往東坑街前進，到達大雪山林道入口，車程大概兩個小時，沿盤山路一直往高海拔方向走，就到達大雪山國家森林遊樂區。

　　車子走到二十三公里地標處，觀鳥平台上人頭攢動、熙熙攘攘，攝影師們接踵比肩、項背相望，擺放的三腳架踵趾相接、水泄不通，看到這種熱鬧境況，就知道找對了地點，台灣觀鳥之旅要開展了。

一、寶島白頭鶲

　　在大雪山國家森林遊樂區二十三公里觀鳥平台，看到山坡外生長了一株十來公尺山桐子樹，往四面伸延的樹幹已變成灰褐色，基部心形而先端銳尖的葉片也已枯萎，轉成螺旋形狀盤繞懸掛在長長葉柄下；可是引人注目的，是那纍纍果實，端如貫珠，掛滿樹上。一串串的山桐子，球形漿果，從橙紅色到猩紅色，粒粒鮮豔欲滴，給蔚藍天空添加了色彩。這畫面猶如一位天才橫溢的畫家在其淺藍色畫布上噴濺出點點紫紅，七大八小、四方八面、散佈在不同位置，儘管參差不齊、卻又互相呼應，成就了一幅天然構圖。

　　山桐子樹吸引了一隻由頭頂、喉部到頸部都是雪白顏色的鳥仔前來覓食，懸掛著螺旋形狀、乾枯樹葉的灰褐色樹幹，乘托著栗褐色胸部跟脅部的鳥仔，黑褐色的背部、飛羽和尾羽跟雪白的頭部形成強烈對比，鳥仔戴著鮮黃色嘴喙，給串串纍纍、猩紅色山桐子重重包圍著。這畫面使人看得賞心悅目，大自然色彩，自然、平衡、和諧，使我感到天地同生，萬物為一。

　　回到民宿參考《臺灣野鳥手繪圖鑑》，辨認出這隻鳥仔是白頭鶇雄鳥，台灣特有亞種。

　　白頭鶇為鶇科鶇屬的一個成員，在鳥類世界裡，鶇科鶇屬的物種分化複雜度排名首位，家族的龐大支系有五十多個亞種，有個別亞種已經滅絕。美國有研究中心檢視各國博物館收藏的鶇屬鳥類標本羽毛顏色，顯現出十二個可明確分辨的羽毛顏色，歸納為三種分類：第一種為單色系，全身顏色為黑、灰、暗紅顏色；第二種為雙色系，首類別為背部跟腹部有不同顏色，黑色、橄欖色背部搭配栗褐色腹部，次類別為頭部跟身體有不同顏色，黑色身體、頭部為灰色或白色；第三種為三色系，背部、腹部跟頭部都呈現不同顏色，只有一個亞種，就是台灣特有亞種白頭鶇，黑褐色背部、栗褐色腹部、晶瑩通透的雪白頭部。白頭鶇是鶇屬鳥類龐大家族裡分布在地球最北端的一個支族群組，地點在台灣，白頭鶇的別名也叫臺灣鶇。

　　白頭鶇的英文名字為（Island Thrush），翻譯過來是島鶇，意思是指分布在東南亞、新幾內亞及太平洋島嶼上的鶇科鳥類。島鶇在島嶼生活，成為地方留鳥，並不遷徙，島嶼地理各異，形成獨特生態環境，島鶇在隔離的島嶼演變成獨特亞種。可是同一起源、在一個共享生態環境生活的鶇科鳥類，不同族群為何遷徙到外島？怎樣演變成為留鳥？地理變異如何影響島鶇羽色跟型態、以演化出豐富精

采的物種多樣性？這些課題都成為未來研究的項目。

　　十六世紀時期，葡萄牙船隊橫渡太平洋往東方航進，經過現今台灣海峽，驚嘆台灣寶島的美麗，喊話葡萄牙文（Ilha Formosa），翻譯過來是「美麗之島」，也有語音翻譯為「福爾摩沙」，從那個時期開始，台灣寶島以福爾摩沙之名，出現在歐洲繪制的世界地圖裡。

　　這個說法雖然未能在歷史文獻裡證實，可是位於環太平洋火山地震帶，台灣地理奇異，島嶼中央險峻的高山跟臨海平坦的盆地，形成獨特的岩溶地貌和海蝕地貌，造就各地區的山水勝景：亞洲植物園、海洋牧場、熱帶水果王國和鳥類天堂，這一切使得外界把台灣稱為寶島。

　　白頭鶇在台灣野生動物保育法公告裡為第二級珍貴稀有的保育類鳥種，是稀有留鳥，分布在海拔一千公尺到三千公尺山區，藏身在濃密原始林和針闊葉混合林裡，神遊於雲霧飄渺層層山巒中，如謎般的存在，雖有固定族群，卻不是定時定點出現。白頭鶇也吃植物果實，在大雪山國家森林遊樂區二十三公里觀鳥平台，每年十二月分到隔年三月分，山桐子樹鮮豔果實纍纍掛滿樹幹時，白頭鶇會出現覓食，這時段就是觀看白頭鶇的絕佳時機。

　　台灣寶島被譽為鳥類天堂，源於白頭鶇。

二、仙鶲屬黃腹琉璃

　　在大雪山二十三公里觀鳥平台待了大半天，離開平台走上坡路，拐彎處碰到一對老年夫妻，在兩副三腳架後面比肩而立、促勢以待，婆婆的腳架上架上一副單筒望遠鏡，公公的腳架上架上一副配備長焦鏡頭的攝影機。沿著老年夫妻視線方向看過去，於濃密植被中看到一隻鳥仔身影隱藏在樹叢裡面，只顯露絲絲藍色和黃色。

　　當婆婆還在搬弄望遠鏡時，公公已經在連按快門，意識到公公拍攝的目標不一定是我看到的隱藏鳥仔，馬上把視線沿著樹枝走，果然看到一隻黃腹琉璃，大模廝樣地把身體挺直、跗蹠抵著垂直樹梢，眼睛投向深谷，一派旁若無人、悠然自得姿態。鳥仔戴著黑色嘴喙、黑色跗蹠，頭部、前頸到背羽呈金屬光澤之湛藍色彩，胸腹部卻換上

橘黃色，湛藍橘黃色澤互相呼應，恰到好處，給人晶瑩剔透、色彩斑斕的感覺，黃腹琉璃媲美珠玉，在太陽底下呈現融燒琉璃的質感。舉起攝影機，替牠拍攝肖像照，黃腹琉璃耐心地等待著，直到我把攝影機放下，才提起翅膀，往下坡方向、觀鳥平台飛過去。

黃腹琉璃，鶲科仙鶲屬、台灣特有亞種，不以仙鶲命名，卻有琉璃稱號。琉璃名字源於西域，是一種寶石，也叫瑠璃、瑠瓈，在佛教領域裡的七件寶物中，琉璃跟隨金、銀、進占第三位，在民間五大名器中，琉璃在金銀、玉翠之後。古代形容琉璃為五色琉璃，代表琉璃表面散發出來的色彩，猶如萬度光芒，以人工燒製的琉璃，在祭祀、宴饗、征伐及喪葬場合中作為禮器，可以看到琉璃在古代歷史中享有崇高的地位。而仙鶲屬的黃腹琉璃，背部顯現湛藍色彩，配上腹部潔淨橘黃色，呈現琉璃質感，也是大自然饋贈的一顆飛翔寶石。

黃腹琉璃，按照科屬名稱應該稱為棕腹藍仙鶲，全世界僅分布在亞洲東面國家，有兩個亞種：西南亞種分布在中國西南的雲南、四川、西藏，緬甸東北、泰國、寮國及越南北部；特有亞種黃腹琉璃，台灣獨有，分布在一千公尺到兩千公尺海拔山區。棕腹藍

仙鶲亞種傳播途徑是一個謎，文獻提到棕腹藍仙鶲為喜馬拉雅山系雀鳥，在十七世紀，獵人從山系帶下，渡船到達台灣，被列為新品種，其後陸續在亞洲東面國家有觀看紀錄。

　　離開那對有意思的老年夫妻，往下走回到觀鳥平台，嘗試再尋找黃腹琉璃。不到一刻鐘，就在山桐子樹上一條橫伸樹枝上看到一隻雄鳥，雙腳緊緊抓著樹枝，抬著頭回望串串纍纍山桐子果實，這個角度可以清楚看到雄鳥胸部往喉部的三角形凸塊，這片橘黃色凸塊，遙遙指向黑色喉部，跟黑色嘴喙默默對望，成了黃腹琉璃的特徵。

　　順著黃腹琉璃雄鳥在山桐子樹上位置，把視線往樹頂過去，竟然看到一隻雌鳥，雙腳抓緊兩條並排橫樹枝條，鳥仔背面灰褐色，喉部淡黃色，腹部灰色，外觀毫不起眼。樹枝頂部纍纍山桐子果實盈盈垂下，雌鳥不顧儀態，嘴喙不斷往下啄食，直把猩紅色的山桐子果實往嘴喙塞進，大快朵頤，雌鳥啄食山桐子果實的景象，深深吸引著我的目光。

　　黃腹琉璃雌鳥跟雄鳥羽色全不一樣，外觀大相徑庭：雄鳥湛藍橘黃色彩、光芒四射，雌鳥灰褐暗黃顏色、黯淡無光；雄鳥色彩鮮豔、燦爛耀目，雌鳥羽色素淨、樸實無華，鳥類世界裡雌雄外形之別，使人極為嚮往。

　　黃腹琉璃雌鳥，戴著一身灰褐淡黃羽色，韜光養晦，免去天敵之險，帶領雛鳥長大，完成母親育兒任務；雌鳥捨棄美麗外觀，完成族群繁殖使命，使得黃腹琉璃特有亞種，延續下去。萬物造型，鮮明與隱晦兩全，若以外觀為首，配以功能為實，大自然運行之道，自有其韻律，使人贊嘆。

　　黃腹琉璃雌鳥在山桐子樹上享用果實，狼吞虎嚥、囫圇吞棗地把果實往嘴喙塞進，不到一刻鐘，就引來另一隻黃腹琉璃，雄鳥跳到一條垂下樹枝跟雌鳥共望，雌鳥移離半步，雄鳥進占半步，雌鳥跳離兩步，雄鳥逼近兩步，最後雌鳥放棄了，一躍而下飛離山桐子果實，垂下樹枝上只留著不上不下的雄鳥。

　　黃腹琉璃雄鳥燦爛奪目的外型，使得難以抗拒，可是要吸引雌鳥共處，還是要等待適當時機、合適光景，單靠外觀也不是每次都能達到目的。觀鳥，也是在教導觀看人生。

三、高美濕地東方環頸鴴

　　中午過後從大雪山民宿退房，計劃去清水區的高美濕地，民宿老闆幫忙和已預訂高美濕地民宿聯絡上，在國道一號轉國道四號的一個高速公路連接點轉換車子，就往清水區的高美濕地出發。

　　高美濕地，位於台中西部清水區，大甲溪南岸、清水大排水溝出海口，以前為海水浴場，可是在台中港築起不同設施後，地理環境變異，隨大甲溪流出台灣海峽的砂石淤積聚合、堵塞河道，使得泥沙日漸積聚，成為泥灘地，海水浴場逐步演化成為高美濕地。

　　陸地生態系統、水域生態系統的過度地帶，稱為濕地生態系統。濕地，也稱為泥灘、沼澤地，在土壤浸泡的特定環境裡，養育許多水生植物生長。高美濕地泥質及沙質灘地，面向出海口，生長大片雲林莞草和台灣瀕臨絕種的大安水蓑衣，孕育了豐富生態；灘地上的甲殼類、蟹類、彈塗魚，海裡的魚類，成為鳥類食糧，每年秋冬，大批候鳥陸續飛到，為過境鳥類停棲的樂園，所以濕地也被稱為「鳥類的天堂」，高美濕地當之無愧。資料顯示，候鳥飛臨高美濕地度冬，超過一百多個鳥類品種，稀有品種也有紀錄。

　　我是懷着這個期待前往高美濕地。

　　在民宿把隨身行李放下，拿著攝影機就往高美濕地方向跑，從民宿出發要轉到高美路，再走十五分鐘多才能到達高美濕地賞鳥觀景台，番仔寮道路兩旁也沒有什麼鳥類可以觀看，而且高美濕地賞鳥觀景台下午五時關門，我三步并作兩步的往前走，心裡盤算著超過一百多個鳥類品種、高美濕地的境況。

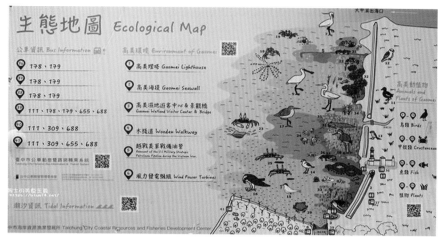

高美濕地現場境況，跟這生態地圖描述大相逕庭。

　　在高美路的盡頭，已經聽到前面人聲鼎沸，出到海堤路，不能相信自己雙眼，在賞鳥觀景台上，萬頭攢動，遊人摩肩接踵，彈塗魚塑像旁邊排了一整列旅客等待跟塑像合照，有些急不及待的旅客就直接往旁邊海堤上走，拍攝夕陽。旅遊巴士一車緊接一車，遊客們在美堤街下車走過來，都是說廣東話的香港遊客，聽遊客說是要趕忙過來，體驗高美濕地的風車、泥灘、夕陽景況。

　　賞鳥觀景台已經給遊客占據，我登上樓梯，迎難而上，穿越蜂擁遊人，跨過彈塗魚塑像，要往木棧道走。可是越過圍欄後，卻看到木棧道上遊人如鯽，水洩不通，我抱著不入虎穴、焉得虎子心態，走下樓梯，昂然踏步木棧道，要往棧道盡頭緩衝區方向過去。

　　黃昏時分，風起潮湧，西北風猶如鋒利刀刃往遊人臉上刮過去，潮水一波接著一波退出到台灣海峽，高美濕地完整地裸露出來。雲林莞草草海無懼顛顛撲撲風勢，風起時彎腰、風止時揚起，完全順應濕地環境；大片大片泥灘，顯現落潮紋路，海潮線型清晰可辨，突出泥灘的石

頭，錯落有致，縱橫交錯，看似雜亂無章，卻是色色通理。

　　人在木棧道上走，可以體驗到西北風的威力，旁邊阿姨們的頭巾五彩繽紛、迎風飛舞，小伙子們的三腳架在強風吹刮下，搖搖晃晃，使人驚心動魄。我沒有理會強風，把漁夫帽子拉低，束好頸帶，把攝影機往腰部綁緊，走在木棧道旁邊，身體着意地閃避遊人，眼睛卻只往泥灘上注視。

　　高美濕地面積接近七百多公頃，裸露泥灘一望無際，可是極目所及，卻只看到一隻東方環頸鴴，在遠遠一方踽踽獨行。東方環頸鴴為台灣冬候鳥，每年在十月分到隔年四月分停留在泥灘、河口區和潮間帶，喜歡群體活動，族群數目可多達成千上萬，可是在高美濕地，卻只有這隻東方環頸鴴形單影隻地在泥灘上走動。

　　台中市政府在二零零四年跟居民達成協議，於高美濕地成立「高美野生動物保護區」，確定高美濕地生態特色，展望依照野生動物保育法規進行管理，提倡生態保育研究計劃。在二零零七年，內政部營建署把七百多公頃的高美濕地列為國家級濕地，於二零一一年台灣行政院內政部評選高美濕地為國家級重要濕地。

　　可是旅遊業界塑造高美濕地為天空之鏡，以促進觀光產業之商機，標榜濕地上的風車、泥灘、夕陽景色，不單止提倡台灣本土旅遊，還安排外地旅行團觀看高美濕地夕陽景況，使得高美濕地成為旅遊熱點，黃昏時分的高美濕地，人潮洶湧。

　　在二零一四年，台中市政府在賞鳥觀景台下設立一個濕地解說半島，在半島前面建設接近七百公尺的木棧道，伸延至外海緩衝區，供遊客步走，希望把遊客留在棧道上，把濕地還給生物。可是能有多少侯鳥，選擇與喧嘩的遊人共處呢？

木棧道盡頭，濕地連接外海處，

　　保育與觀光的兩個方向，需要取得一個平衡點，地方政府要主動提出，邀請民眾參與計劃、研究，創造一個可行方案，既能提升地方經濟，也能兼顧保育課題為雙贏；若要兩者選其一，就要謹慎考慮，要牢記大自然土地無償給人類使用，我們也要尊重大自然。

　　很期待高美濕地的一部分能重新成為候鳥天堂。

夕陽餘暉，遊人眷戀木棧道。

還是一片荒涼，鳥蹤渺茫。

從台中回來，有白頭鵯、黃腹琉璃紀錄，都是在香港沒能看到的鳥種，盤算再要到台灣觀鳥，開始研究台灣金門鳥況。

距離台灣二百一十公里的金門，天然海島環境，食物資源豐富，吸引許多海鳥到金門島嶼繁殖、養育下一代，也有南北遷徙的侯鳥以金門作為一個中途補給站，增強體力後繼續南北往返。金門三鎮三鄉面積加起來才不過是一百五十多平方公里，卻紀錄著接近三百多個鳥種，是觀台灣鳥的一個別點。

十一月分，早上七時出門，到香港西九龍站乘坐高鐵前往廈門車站。和諧號緩緩駛進廈門站時已經是午後一時三十分，趕忙乘計程車去五通碼頭，轉乘海運客輪到水頭碼頭。五通碼頭跟水頭碼頭距離不到十海里，航程只需要四十分鐘，在海航中跟租車公司聯絡上，抵步後乘坐租車公司來接的車子，往伯玉路過去，辦好手續，自駕到金城鎮，住進民宿，已經看到夕陽了。

金門島地形如一塊金錠，東西長約二十公里，中部最窄的地方約三公里，島上路況好，自駕輕鬆，走訪太湖區、慈湖區、浯江溪口區、后壟區、烈嶼鄉，竟然找到香港難遇的稀有鳥種。

四、孤僻蒼鷺

　　金城鎮民宿睡得安穩，第二天早上精神飽滿地出發，往金湖鎮太湖方向過去，沿著太湖路三段走，車子停泊在中正公園內。走進太湖遊憩區，往旁邊支路轉進去，看到一隻蒼鷺在湖邊疊足而立。蒼鷺的頭往旁邊挪開，展示整條頸項正面，兩條黑色縱紋，由喉部扭開，往兩旁散下、直達胸腹，兩條縱紋中間，排列出一行豎直列隊的心塊，越往下去，心塊越是打開，站立在支路旁邊，跟蒼鷺遙遙對望，在這一刻，孤單感覺驟然而至。

　　這隻蒼鷺，在這片秋草荒涼的太湖，黃灰色土灘、暗綠色草坪，披上大幅槁黃枯草，灰白蒼鷺，獨自佇立湖水裡，墨綠湖水波紋渺渺，帶起泛泛漣漪，鳥仔在湖水中的倒影一波一波褪萎，孤形吊影的境況，溢于言表。

　　沿著太湖遊憩區支路往前走，又看到另一隻蒼鷺，灰白色、微微佝僂身軀佇立在湖邊，長長頸項在中間折開，猶如一把屈曲的弓，可是奪目的頭後黑色橫紋跟橘黃色的嘴喙，一目了然，盡收眼底，黑褐色的上嘴峰，清晰可見，蒼鷺也是獨自立足在白茫茫湖水裡，只有岸邊一塊皚白嶙峋石頭相伴。

　　再往前走的時候，蒼鷺猛然起飛，翅膀向兩邊揚起，呈一直線飛行，雙翼灰黑兩色分明，翅膀如弓形般上下鼓動，動作雖然緩慢、身軀卻穩定地移動，飛臨到太湖遊憩區湖中小島。沙丘長滿野牡丹、馬櫻丹灌叢植被的小島，雖稱不上色彩繽紛，卻也濃綠萬枝紫一片，可是蒼鷺對這植被全不放在眼內，慢慢地降落在一束枯萎樹枝旁邊後，又傲然孤獨地站立在茫茫湖水邊。

　　蒼鷺全身只呈現灰、白、黑三種色系，偏好棲地為湖泊、沼澤、濕地、沙洲、河口等水域環境，灰白色的身

軀，跟環境中的湖水、泥土、沙石顏色相像，能夠作為一種保護色，蒼鷺選擇的棲地，只是跟隨鳥種特性。台灣老一輩用台語「海埼仔」呼叫蒼鷺，民間也以「老等」來稱呼蒼鷺，因為魚民看到蒼鷺常常在海岸一個地點待著，站立就是好幾個小時。

　　隔天早晨前往浯江溪口觀鳥區，經過縣立體育館就是浯江溪出海口，車子停在縣立體育館停車場，沿著浯江北堤路走，從溪口到建功嶼一帶的潮間濕地，是水鳥覓棲地。長七公里多的浯江溪，建功嶼橫立在出海口處，阻擋著順隨溪水流刷下來的泥土、沙石，自然形成了一片泥灣潮間帶，紅樹林遍佈周邊。在型似桐花樹叢凸出的一束枯枝上，一隻蒼鷺雙腳抓緊枯枝，灰褐色跗蹠跟枯黃色樹枝纏繞著、分不清楚枯枝跟跗蹠了。蒼鷺頭、面、喉、頸灰色，可是奪目黑色過眼紋連接著兩條黑色飾羽瀟灑地在頭後擺弄，青黃色虹膜跟橘黃色嘴喙互相對望，深色過眼線淡淡可見，黑色翼角飛羽了然于目。蒼鷺把頸項縮進到翅膀內，在樹叢頂上箕踞而立，盡顯金門早上悠閒晨光。待不到一刻鐘，蒼鷺振翅起飛，越過建功嶼、往外海飛出去。

　　蒼鷺分類為鷺科、蒼鷺屬，在台灣為普遍冬候鳥，蒼鷺是體型最大的鷺科鳥類，是濕地沼澤的巨鳥，每年秋天蒼鷺從北方飛到台灣渡冬，隔年四月天氣回暖後北返，蒼鷺繁殖地位於高緯度的區域，有紀錄顯示蒼鷺遷徙路徑超越六千多公里。體型巨大的蒼鷺，體重接近兩公斤多，翅膀向兩邊展開超越一百七十多公分，鳥仔孤身飛鳥路，南來北往，從不畏懼。

　　同年十二月分重臨金門，下午過後到達寧湖路慈湖，在觀海平台往下望，滿佈防禦工事，當年建設的工事，如今成了遺跡，默默地排列在沙灘上。黃昏落潮時分，灰藍色海水一波緊隨一波退落沙灘，臨近海邊的防禦工事，隨著潮水退落，整個混凝土地基凸露出沙灘。一隻蒼鷺孤單地佇立在淺水區，鳥仔頭部、胸腹和背部都是蒼白顏色，眼上黑色橫紋凸顯，呼應著雙翼黑色飛羽。灰白色蒼鷺，跟沙灘上烏黑色混凝土工事融為一體，盡顯鳥仔蒼白、孤僻、蒼桑的一面。

　　孤單的蒼鷺，在這片海灘覓食，鳥仔並沒有作出一個選擇，蒼鷺要在這片渡冬地，休養生息，尋找機會覓食，儲備能量，等待春季時往北回到繁殖地，延續物種。

　　灰白黑的蒼鷺，獨來獨往，給人孤僻、蒼桑感覺，古詩詞詠唱蒼鷺：「脖細嘴長筋骨瘦，披蓑赤腳老漁翁，單肢側立痴迷等，雙目斜窺夢幻中。」

　　孤僻的蒼鷺，把我跟台灣老一輩連線，更感悟到古人詠鳥之情。

五、黑白玉頸鴉

　　從太湖旁邊的支路經過中正公園前往中山紀念林區方向，途經一個湖水處理站，左邊有用石頭堆砌建成的鞏固牆，呈一個角度往湖面垂落，在支路旁鞏固牆的右面，一

棵樹上有兩隻玉頸鴉，全黑色身軀，卻在頸部繞上一條粗寬白色襯層條紋，又跟白色胸帶連接起來。

　　十一月分的金門，早晚已有秋意，可是中午時分，太陽給厚厚雲層壓蓋著，還是風輕日暖，只是路旁植被、秋風落葉、草木黃枯，有些樹木已做好度冬準備、把樹葉掉下，只剩下光禿禿樹幹。兩隻玉頸鴉在縱橫交錯枯枝上，應該不是覓食，前面一隻抬起頭，眺望四方八面查看，後面一隻垂著頭，俯覽地面道路情況。

　　鳥仔們停靠一會，覺得沒有任何危險信號，就振翅起飛，越過湖水處理站降落到鞏固牆，原來鞏固牆斜邊已經聚合了一群玉頸鴉，粗率算起有七八隻，兩隻玉頸鴉聚

合群裡，沒有浪費片刻，馬上加進覓食行列。群組在羣固牆斜邊來回走動，每一隻鳥仔都自顧自地把嘴喙往地

下連連啄啄，翻鬆泥土，尋找昆蟲、種子、果實、腐肉，整個玉頸鴉群組都在覓食，全然沒有顧累危險。

　　再往前看，在羣固牆頂部連接道路路面的混凝土圍欄上、救生圈旁邊發現了一隻玉頸鴉，刷上黃色斑條的圍欄、旁邊豎起橙色救生圈，一隻烏黑玉頸鴉站立在圍欄上，頸部圍上一圈白色環條，這隻鳥仔猶如一名站崗士兵，佇立在混凝土圍欄上，左顧右盼、四處張望，做著瞭望工作。

　　同年十二月分再到金門，從寧湖路轉到慈湖路三段，車子停靠在慈湖落日觀景平台，往慈湖慈堤走過去，已經是下午四時多，下潮時分，凸露沙灘遍佈碎石頭和破貝

殼,一隻玉頸鴉在這片沙灘上步行,以嘴喙攪鬆泥沙、撥開碎石頭、翻動破貝殼,尋找昆蟲、甲殼動物,鳥仔黑白身軀行走在土黃色慈湖慈堤,斑駁身影顯露無遺。

　　隔天午後前往浯江溪口觀鳥區,在靠近金門縣立體育館的支路觀看浯江溪,靠近支路的岸邊泥灣片片,坑坑窪窪,養活了一排紅樹林植物;靠近溪水邊鋪滿烏黑卵石,石頭經過溪水汩汩流淌,磨礪出光滑表面,雖大小各異,卻圓潤如玉。烏黑卵石上站立了兩隻玉頸鴉,靠近上游的一隻,橫向著身軀,頭伸往對岸,偵察環境;在出海口的

一隻,直立著身軀,頭左右擺動,檢查近岸狀況。兩隻玉頸鴉烏黑身軀前後佇站,橫向直立,可頸部到前胸的白色鞍狀環帶,坦然顯露、盡收眼底。

　　翌年再到金門,在水頭碼頭乘坐輪渡前往小金門烈嶼鄉,在九宮碼頭下船、乘坐計程車前往西湖水庫,經過西湖水鳥保護區,沿著濱海大道走。已經是六月分了,金門

迎來夏令氣候，五黃六月，暑濕悶熱，可是水庫一帶還是涼風習習，環繞水庫三面植被碧綠如玉、生氣勃勃。可是在水潭一旁橫伸出整堆朽木枯株，形如槁木伸腰，水面枯藤纏繞，堆砌枯木根根，盤木朽株、條條七扭八歪，紛紛爬向半空，這一堆枯萎木頭，成為了鳥類立足平台。

有一隻玉頸鴉從樹叢飛過來，佇立在一條丫型枯枝上，低頭查看著潭水，頸側向下延伸的白色領環，一目了然。鳥仔待了一會，毫無收穫，飛回樹叢。

玉頸鴉在世界自然保育聯盟紅皮書二零零四年度評級為近危級別，估算全球有三萬隻，可是在二零一七年在國際研究期刊（Forktail）發表的一份研究報告，指出玉頸鴉全球數目只有低於兩千隻，建議把玉頸鴉在瀕危物種紅色名錄裡調升至易危級別。

研究報告由（aec hong kong）發表，項目調查玉頸鴉在中國分布情況，根據二零零三年至二零一四年於廣東進行

野外研究，調查玉頸鴉十年內在中國南部鳥種散布數目，為第一次對玉頸鴉進行有系統的評估。研究報告指出，玉頸鴉最大群族分布在位於湖北、河南及安徽三省交界的大別山，其次是香港，其他省分只有零星紀錄，甚至沒有紀錄，此研究共紀錄八百多隻個體。

玉頸鴉原棲息地在中國、台灣、文萊、越南，在中國廣泛分布在東南部，從河北往西的山西、陝西、甘肅、四川、到達雲南；往南的河南、湖北、湖南、福建、廣東、到達海南；可是發表的研究報告指出十年間，玉頸鴉數目大幅度減少，在中國只剩下大別山存在為數不夠五百隻的群組。

玉頸鴉群組數目下滑的原因，報告提到農民大規模撲殺農田附近的生物以免影響農作物的收成是一個主要因素，使用殺蟲劑引致玉頸鴉進食了有毒動物是次要因素，其他如打獵活動、寵物市場也有影響。

玉頸鴉在台灣本島紀錄不多，在金門卻是留鳥，幾次到訪金門，看到鳥種蹤影，確定黑白玉頸鴉在金門找到了一塊棲息地。

————

內文提到玉頸鴉項目調查報告可查看下列網址：

Asia Ecological Consultants Ltd.

https://www.aechk.hk/

六、藍寶石蒼翡翠

　　從中正公園出來走太湖路三段，在三多路口左轉，跨過南機路，沒有到達環島東路四段時右轉到金門縣農業試驗所休閒農場進口，這裡是農業學習及遊憩活動實驗地，經過多次造訪後，確定是一個絕佳觀鳥聖地。

　　金門縣農業試驗所成立於一九五一年，前名為金門縣農林試驗所，專責於農藝作物、育苗造林及畜牧事業之試驗研究，於一九五六年改組，把林務分設，改名為金門縣農業試驗所。改組後專注於農務課題，研究農藝、園藝、保健植物、土壤肥料、病蟲草害、農產品加工試驗、農藥使用及教育、生物多樣性及種原保育等事項；建立農業推廣部，掌理產銷研究與成果推廣，把農藝、園藝、保健作物之優良種苗繁殖生產向農民推廣，也把休閒農業經營管理、農業機械化及農業氣象管理等事項向外界開放。

　　於一九九七年，金門縣農業試驗所成立休閒農場，規劃場地作自然生態及教育園區，採用生態設計概念於場內建設不同主題園區，提供農業教學及遊憩活動，把農業學習、實踐及觀光集於一體。休閒農場內生態環境完整保存，在部分園區更優化環境提供生態系統，成就豐富生物

多樣性，教育園區呈現不同生態環境。

在小車停車場把車子停靠好，沿著日出大道往裡面走，經過小木屋區、往右邊轉到草坪，朝著后壟溪方向走，看到一隻蒼翡翠停靠在半空、雙腳抓緊一根電纜。十一月分的金門，天朗氣清，時間還沒到中午，厚厚雲層蓋過太陽光芒，鳥仔在暗亮天空照耀下，身體大部分的顏色給壓下去，可是栗紅色小覆羽及淺藍色背部了然于目，喉部到胸部上方的晶瑩白色看現現，粗壯伸延嘴喙、跟長

長尾羽遙遙對望，蒼翡翠照亮了金門縣農業試驗所休閒農場。待不到片刻，鳥仔揚起翅膀，往下俯衝，在溪旁一根直豎木杉頂上盤旋，蒼翡翠優雅地轉一個身，兩隻翅膀左右拍動，黑色、藍色、白色飛羽緩慢舞動，配襯著鮮亮淺藍色背部，輕盈地停棲在木杉頂上，這系列動作，猶如優雅舞蹈員在表演芭蕾舞。

金門縣農業試驗所休閒農場，位於太湖東面，蒼翡翠棲息地為溪流、池塘、水庫、濕地，猜想這隻蒼翡翠是跟隨著車子自太湖飛過來的。

同年十二月分再到金門縣農業試驗所休閒農場，跨過烤肉焢窯區往后壟溪方向過去，又看到一隻蒼翡翠，位置跟上月分紀錄的蒼翡翠一模一樣。這次蒼翡翠更是停棲在溪旁一株大樹上的一條橫枝，鳥仔上背、雙翼、到尾巴呈

現一片鮮亮藍色，頭部和翼上覆羽卻換上大片黑褐色，跟喉部和胸部的白色形成強烈對比，粗壯伸延嘴喙還是一目了然，這隻蒼翡翠應該不是從太湖飛過來的。

金門農業試驗所休閒農場在靠近后壟溪建設幾個蓄水池，導入生態調節池概念，在蓄水池裡建做梯級減慢水流速度，種植水生植物過濾水質，更可延長水流路線，這些設施可以提供理想生境給棲息在濕地、流溪、湖泊的鳥類，這個生態調節池成就了蒼翡翠的停棲地，肯定環境保護的用處。

蒼翡翠分類為翠鳥科、翡翠屬，別名白喉翡翠，香港名為白胸翡翠，所有稱呼都背上翡翠名字。翡翠是眾多玉石中的一個品種，可是特性超越其他玉石，翡翠硬度高、比重大、顏色豐富、光澤亮麗，在各種玉石中，價值高昂，乃珍貴玉寶石。

　　翡翠出產地有緬甸、俄羅斯、日本、哈薩克、危地馬拉、及美國，可是作為裝飾用途飾物的寶石級翡翠僅產於緬甸，自明朝傳入，至清代盛行，尤其得到貴族欣賞，在傳統白玉文化基礎上，創造了翡翠文化，流行於民間。翡翠文化演繹翡為紅色寶石、翠為綠色寶石，而翡翠名稱源起，相傳為清代皇族觀看到翠鳥科鳥類，驚嘆鳥仔外觀豔麗翠綠，宛如寶石，判令自緬甸傳入的玉寶石名稱為翡翠。

　　蒼翡翠全身披著靛藍羽毛、配襯著嘴喙、跗蹠的珊瑚紅色，豔麗動人，是一顆會飛翔的藍寶石。

七、戴華勝戴勝

　　戴勝，頭部到胸部黃褐色，腹部到尾下覆羽白色，翅膀黑色、刷上棕白色橫紋，最耀目的是頭頂上鳳冠狀冠羽整齊地束在後枕、完整地展示斑駁黑棕色，呼應着翅膀。

　　金門縣農業試驗所休閒農場，有一片土地為金橘培植試驗區，種植金橘樹，常綠小喬木，在十一月分，喬木已經開花結果，橢圓形金橘果實，翠綠顏色，纍纍掛滿枝頭。一隻戴勝，悠閒地在金橘樹叢底部來回走動，鳥仔用尖長、下彎嘴喙往泥土裡挖掘，翻動落葉、草根，尋找泥土裡的蠕蟲、幼蟲，戴勝在一個位置停留一段時間，把四方八面的泥土都翻動過，才移離到另一個點。站立在金橘培植試驗區行人走道，跟金橘樹叢只有幾公尺多距離，我目不轉睛地注視在這隻戴勝身上，直到鳥仔走進一株鳳凰木樹底部、隱藏起來。

戴勝，在香港可以觀看到的機會很少，近好幾年都沒有幾個紀錄。在很多年前的一個上午前往香港上水塱原觀鳥，聽說到在前幾天有一隻戴勝在塱原出現，在那之後的幾天往塱原等候，可惜也未能看到，只能在圖鑑內圖片欣賞戴勝漂亮外觀。

戴勝名字由來，是「戴」着「勝」的鳥，華勝是古代女士的一種頭飾，古人看到戴勝，就像帶著華勝的漂亮女士，故而名之，在中、外文化裡，都有很多典故、詩詞記載戴勝。

古代詩人賈島在其詩〈題戴勝〉裡描述戴勝外觀為「星點花冠道士衣」；在中國古典神話《山海經》裡，西王母以一個人物形象出現，外觀「豹尾虎齒而善嘯，蓬髮戴勝」，意思就是西王母面目猙獰，頭上戴着飾物「勝」，戴勝化身為古典神話中的西王母；唐朝詩人王建在他寫的〈戴勝詞〉裡描述「不如戴勝知天時」，意思為戴勝是知天時的智慧鳥類。

十二世紀的時候，波斯國詩人阿塔爾（Farid ud-Din Attar）寫了一部長詩《群鳥會議》（Conference of Birds），描述一群鳥類聚在一起想要選拔一位國王，戴勝成了群鳥的首領，帶領群鳥完成神聖之旅。古希臘羅馬神話裡奧維德（Ovid）寫的《變形記》（Metamorphoses），書本

裡每一個角色遇到事情後，外貌都會變形，有變成石頭的、有變成動物的、更有變成雀鳥的，奧維德使用變形的外貌來描述故事角色心理的變化，第六章裡描述特剌刻（Thrace）國王泰柔斯（Tereus）犯下罪行，外貌變形，頭上長出羽冠、寶劍變成長長的鳥喙，就是一隻戴勝鳥。

在金門戴勝是留鳥，能觀看到的機會很多，可是金門人認為戴勝是不詳鳥。

雌性戴勝的尾脂腺在繁殖期會分泌一種黑褐色油狀、味道很臭的液體，雛鳥剛出殼也會分泌這種臭液，當鳥仔在遇到危險時，也是分泌這種臭液，其實這是戴勝退敵的方法、生存的策略，使得掠食動物不敢靠近。在天然環境，戴勝會選擇樹洞和岩縫來作為巢穴，在缺少樹洞、岩縫的地區，鳥仔會在廢棄房屋牆壁洞、墓穴縫隙間營巢，而墳地附近土地鬆軟，掩埋的棺木也是昆蟲的產卵地點，成為蠕蟲、幼蟲集中地，鬆軟的土地也適合挖掘，所以戴勝偏好在墳地附近營巢、覓食。

金門人看到戴勝在墓穴周圍築巢，更分泌黑褐色油狀、味道很臭的液體，就認定它是不祥鳥。

美麗的外觀，卻敵不過世俗的眼光，夢寐以求、難得看到的鳥仔，在當地人眼裡卻是另一回事。可是鳥仔並沒有作出任何選擇，戴勝只是跟隨物種的特性。

古埃及人把戴勝視為神聖的動物，陵墓中的壁畫裡常常有描畫戴勝，甚至把戴勝的圖形作為象形文字，這是因為戴勝喜歡在墳墓附近出沒的原因，古代埃及人的文化認為跟屍體、陵墓有關的動物都是神聖的。

人類把自身文化投影在觀察到的鳥類上，而生成喜惡感覺，可是鳥類卻一直跟隨物種特性。

同年十二月分一個下午，在前往馬山觀測站的途中，經過馬山三角堡時看到七八台配備長焦鏡頭攝影機在拍攝，下車就看到一隻戴勝在草地上、用尖長、下彎嘴喙、專注地往泥土裡挖掘，對周邊拍攝者毫不理會，擺出一副帝黃姿態。

黃昏時分回到金城鎮，經過浯江街走進清金門鎮總兵署博物館，在圖書閣裡看到一本繪本書：張振松先生著的《等待霧散的戴勝鳥》，書本以生物角度描寫戴勝鳥的外形、生境、行為，戴勝鳥繪圖栩栩如生，十分適合學生們閱讀。

戴勝，戴着華勝的鳥，使人百看不厭。

八、夏之精靈栗喉蜂虎

　　綠色額冠、綠色翅膀、藍色尾羽、黑色過眼紋、而栗紅色喉部為栗喉蜂虎名字由來，全身羽色鮮豔亮麗，為夏候鳥、有夏之精靈稱號。在這十幾年間，栗喉蜂虎在香港的遷徙紀錄並不多，但是在台灣金門，每年五月分，栗喉蜂虎都會飛臨，在青年農莊營巢、繁殖下一代，到秋天才回流到度冬地。五月下旬，從廈門五通碼頭出發，乘海運到金門水頭碼頭，此行是去觀看栗喉蜂虎。看了介紹，知道栗喉蜂虎營巢地點在后壟區青年農莊，可是卻沒有詳細地址，農莊位於那條路上也不知道。在前幾次走過金門縣農業試驗所休閒農場，也在后壟區，就走回三多路，經過農業試驗所休閒農場後左拐進到一條小路，然後每一條支路都進去找尋，有些村落車道比較狹窄，車子回轉不易，只能倒車出來，甚是狼狽，卻也未能找到，只能拐回進來的小路。

　　把車子在公車站旁邊停下來，突然看到一輛修路車子，從農田內徐徐行駛出來，駕駛艙全給四個輪子蓋過，前面兩個輪子差不多有一層樓房般高，駕駛車子的是一個年輕人，趨前問詢，他聽到我說著彆腳的國語，居然猜到我的目的，就跟著說道：「你是要看鳥嗎？」然後示意跟隨他走。

　　修路車子「轟隆轟隆」的在前方帶領，我駕駛的車子在後面跟隨、時速只能開十公里，而且前路全給修路車子阻擋了視線，往西面方向走完拐進來的小路，左拐就是士校路，突然修路車子在前方停下，年輕人從一層樓房高的駕駛艙爬下來，跑到我車子旁邊說道：「左前方就是青年農莊，有鳥看。」說完就瀟灑地攀回駕駛艙，修路車子

「轟隆轟隆」的繼續沿士校路、往太湖方向過去。年輕人戴上一副眼鏡，穿著一件短袖汗衫、寬鬆長褲，身材瘦小，外表像極一個書生，可是駕駛的卻是「轟隆轟隆」的修路車子。

等待修路車子開過去後，慢慢駕駛往前，看到左邊一塊大石頭上刻著「青年農莊」字樣，在後面還設有迷彩色偽裝設備，右邊有一塊土泥地停靠了幾輛車子，忙著把車子開進去，停泊車子後連奔帶跑的跨過士校路，看到一塊牌子寫上「栗喉蜂虎」，就知道找對了點。

牌子後面是一條偽裝長廊、三面給迷彩布料覆蓋著，使得在長廊裡面觀看、拍攝栗喉蜂虎的遊人不會給鳥仔造成干擾。時值五月分，金門中午氣溫已經接近攝氏二十多度，踏進長廊進口，額頭髮端開始滲出汗珠來，在長廊內體感氣溫超過攝氏三十度，穿著戶外輕便服，也覺得難耐，可是前面是栗喉蜂虎啊。

栗喉蜂虎每年五月分後飛臨台灣金門，棲息在人工堆積的土堆、沙洞作為營巢地，鳥仔挖洞築巢，繁殖下一代。后壟區的青年農莊人工棲地，是栗喉蜂虎最早聚居的一個保育點，在長廊內觀看栗喉蜂虎，看到鳥仔高超飛行技術，在半空中急速飛翔、懸停、俯仰、撲捉昆蟲姿態；也看到鳥仔探土、挖洞、築巢步驟，使人嘆為觀止。

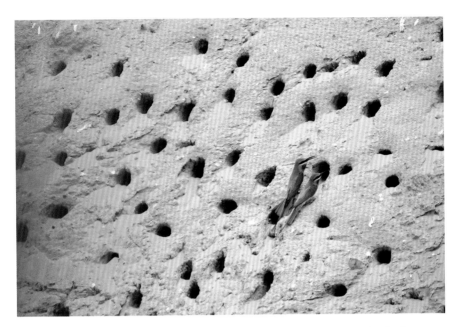

在金門，除了青年農莊，慈湖也在建設栗喉蜂虎人工棲地。隔天前往慈湖，在三角堡賞鳥解說站，碰上兩個金門縣野鳥學會解說員，講解很多關於金門島鳥類資訊。在栗喉蜂虎到訪金門期間，金門縣野鳥學會在星期天、假期日都有會員值班，給公眾灌輸栗喉蜂虎保育知識，在三角堡地道，更有熒屏播放栗喉蜂虎在地面實時境況，使得公眾能夠全方位接觸到栗喉蜂虎。

從二零零二年起，金門國家公園管理處對栗喉蜂虎進行保育，在特定地點營造、整理土坡，吸引栗喉蜂虎前來營巢、產卵、孵化、養育雛鳥，直至離巢，鳥仔能有穩定、安全營巢環境，就能完成延續生命周期。

在二零一五年金門國家公園管理處委託國立臺灣大學做了「金門栗喉蜂虎遷徙生態調查」，顯示在二零一六年有超過三千五百隻栗喉蜂虎在金門營巢和繁殖，栗喉蜂虎離開金門後，飛至廈門，再沿陸路飛抵柬埔寨洞里薩湖南邊渡冬。

　　並沒有很深入去了解學術文件，可在每次看到栗喉蜂虎，就不期然想起穿著一件短袖汗衫、寬鬆長褲，身材瘦小，外表像極一位書生，可是駕駛著「轟隆轟隆」修路車子的年輕人跟我說的話：「你是要看鳥嗎？」

　　在台灣金門后壟區，看鳥就是要看栗喉蜂虎。

轉機
台北市野鳥學會

CHAPTER

　　台中大雪山認識了白頭鶇，前往金門觀看到戴勝、栗喉蜂虎，感覺台灣鳥況豐盛，決心要深入探索台灣鳥類。

　　可是想要找到鳥種，得解決一連串問題：要具備知識，知道什麼季節、那個地區、能找到特有鳥種；定點地區安排交通前往，預訂住宿，可是觀鳥點都是偏遠地方，上高山、下濕地、進森林、走草原，公車可能沒有開發，能找到具條件住宿是一個難題；進到觀鳥點，走哪一條小徑更是考究，光拿著望遠鏡和攝影機，走不出台北。

　　幸好有台北市野鳥學會，把上述問題一一解決。野鳥學會每年在適當時期安排大型活動，從台北出發到台灣各地觀鳥點，鳥導全程帶領，在合適地點尋找特有鳥種。野鳥學會妥善安排交通、膳食、住宿，只要帶上個人裝備，就能輕鬆地從台北出發，到達台灣絕佳觀鳥點。

　　十一月分一個上午，從雙連站乘坐淡水信義線，在大安站轉乘文湖線，科技大樓站下站，沿復興南路二段過去，在一六零巷找到台北市野鳥學會會址，申請成為會員，報名參加武陵農場楓紅探鳥蹤，要走出台北了。

　　這個轉變，帶來機遇。

九、調皮鉛色水鶇

　　首度報名參加台北市野鳥學會大型活動武陵農場楓紅探鳥蹤，十一月分一個早上、五時就爬起床，把三天兩夜的行裝打理好，塞進旅行袋裡，望遠鏡、攝影機跟長焦鏡頭放進背包，沉甸甸背包往背後塞過去，再掛上旅行袋，調整一下重心，還要把三腳架掛在左肩膀邊。從林森北路住所出來，步履蹣跚地走到雙連捷運站，往台北車站轉去板南線，在國父紀念館站四號門出口過去。

　　出得站來，也不知道集合點在哪裡，身上裝備、行裝也沉重，就在垂直電梯旁邊把行李放下。張望了一會，看到一個男士拖著旅行箱子，身上也是掛了三腳架袋子，背部繫著一個背包，看似是台北市野鳥學會會員，趨前問詢，碰巧就是這次活動的鳥導。連忙把旅行袋、背包、三腳架拿上，跟隨他從垂直電梯上去，在地面出口就看到台北市野鳥學會安排的旅遊巴士，鳥導安頓我坐在預排位置。

　　早上七時從國父紀念館站出發，停經上雪霸國家公園，中午就到達武陵農場。吃過午餐後，回到武陵農場大門進口收費站，經過遊客服務中心再往前走，跨過億年橋，沿著七家灣溪建設的觀鳥棧道走，流水汩汩流淌，溪水兩旁亂石崢嶸、嶙峋起伏，鳥導說這裡是觀看鉛色水鶇的絕佳位置。

　　等待不到一刻鐘，就看到一隻鳥仔、猶如疾風般從草叢中飛出來，降落在小溪亂石堆上，眼睛盯著淙淙流水，身軀一動不動；忽的把頭頸往水裡鑽進去，水面上只看到左右擺動的身軀，頃刻間又把頭頸抬起，指向天空，可以看到鳥仔嘴喙邊沾滿水滴，可是沒有等到水滴掉下來，鳥

仔又猛然把頭頸鑽進水裡去。

　　鳥仔重複做著這動作好幾回，才連拍雙翼，往溪邊飛過去，輕巧地降落在小溪旁邊石頭平台上。鳥仔站穩後，跳上跳下，兩隻翅膀來回拍動，栗紅色尾羽扇開、不停地左右搧動，潑起漣漣水珠，朝天空彈射出去。

　　鳥仔身軀暗鉛灰色，腹部淡灰色，嘴喙、眼先、頰、跗蹠，從深色到黑色，尾羽卻是動人的栗紅色。鉛色水鶇停棲時，把身體挺直，栗紅色尾羽時而往上翹、時而左右擺動，呈現出活潑、可愛一面；鉛色水鶇舞動時，環繞盤轉、迴旋飛舞，姿態美好而婉轉，觀看著鉛色水鶇的表演，使人不期然地跟着手舞足蹈起來。

　　鉛色水鶇，台灣特有亞種，普遍留鳥，在香港也有一個亞種稱為紅尾水鴝，過境遷徙鳥。前幾年往石崗觀鳥，步出西鐵錦上路站往錦慶圍方向走，經過明渠橋樑，就看到一隻紅尾水鴝逗留在明渠出水位置，尾羽往兩邊擺動，

還沒有看到栗紅色尾羽扇開的瞬間，紅尾水鴝就飛離了，這次以後，無論往哪裡走，就再也沒有看到紅尾水鴝。

可是在台中武陵農場七家灣溪，鉛色水鶇一直在溪水裡、旁邊石頭平台舞動，鳥仔的表演，延續到武陵富野渡假村。

武陵農場第二賓館是武陵富野渡假村，大樓右面是餐廳，外面小型車子停車場，旁邊一個小花園，餐廳大樓面向小花園的牆壁、在窗戶下面架上了一條往外突出的混凝土板皮，牆壁往外是一片草坪地，樹木疏疏落落豎立在草坪上，草坪另一面是一條排水溝，在視線範圍內看不到排水溝底部有沒有流水，排水溝面向停車場的方向，在草坪上凸出一塊大石頭。

在武陵富野渡假村吃過午餐、走出大門來到停車場散步，就在這時，一隻雌性鉛色水鶇，輕巧地飛出來，降落在這塊大石頭上。鳥仔在石頭上雀躍跳動，做出各種姿態，一時把頭往兩邊擺動、尾巴卻往相反方向扇過去，一時雙翼連拍，身軀往上騰飛，卻並不急於遠走，又輕盈地降落在石頭上，舞首弄姿形態呼之欲出。在靜止時，鳥仔大模廝樣的佇立在石頭上，眼睛投往花園外面，外形、姿勢散發著高傲神態。

這一隻鉛色水鶇不會是一隻落單的鳥仔，再往草坪裡細心觀察，終於看到另一隻鉛色水鶇、雄性，安靜地佇立在排水溝渠面上。鳥仔配上鉛灰色上背、暗灰色覆羽、帶上栗紅色尾羽，眼睛直視排水溝旁邊山坡，尾巴輕輕地搖上搖下，時而把栗紅尾羽扇開。鳥仔溫文儒雅的站立著，好像並沒有特意關注雌鳥。

可是雄鳥耐心挨不到一刻，忽地把眼睛投向雌鳥，疾拍雙翼，如子彈般往大石頭裁過去，卻見雌鳥輕身飄起，優雅的往雄鳥剛才站立的排水溝渠面飛過去，兩隻鳥仔迅速互換位置。這互相追逐遊戲，進行了好幾回，直到後來雄鳥飛過來時，雌鳥並沒有逃避，而是雙雙對對地飛到餐廳大樓旁突出的混凝土板皮上，兩隻鳥仔各自扭動著身軀，又一併的往草坪深處飛進去。站立在停車場旁邊，離開鉛色水鶇不到五公尺距離，可沒有打擾雀鳥，而是安靜地欣賞這一幕。

　　台灣鉛色水鶇、香港紅尾水鴝，把兩個名稱合併起來，就了解到鳥仔的外觀、形態、習性、和生境，原來觀鳥、是教導我們行駛包容之心，並且能使我們拓寬視野。

十、冠羽畫眉頭衛

　　跟隨台北市野鳥學會大型活動武陵農場楓紅探鳥蹤第二日行程，天際剛露出泛白晨光，一眾會友走出武陵山莊大門，鳥導就呼叫冠羽畫眉出來了，循著鳥導的目光方向，看到一隻冠羽畫眉在縱橫交錯的枯樹叢裡跳動，剛好跟我打個照面。

　　褐色尖梯狀冠羽高高掛戴在冠頂，跟黑色圓錐狀嘴喙成了一個角度，灰白色面部襯托著黑漆漆瞳孔，頸側黑色顎紋彎彎往後撇至過眼線旁、形成一塊半月形狀，灰白色胸部連接著黃色腹部，呼應著半月形狀內黃色羽毛，腹側顯現紅棕色縱斑，這隻冠羽畫眉瞪著一對黑漆漆瞳孔朝著我看。

　　跟冠羽畫眉互相覷視，儘管各自遙遙相望，卻充分明白對方意圖，冠羽畫眉把我閱讀透澈，知道是在欣賞牠，就開始在枯樹叢裡盤旋起舞。樹影婆娑、舞動了好一會，覺得應該給我看到更多，又呼叫另一隻過來，兩隻冠羽畫眉左右盤旋，演示雙鳥舞蹈，時雙頭併攏直前、時前後對碰橫移，樹叢裡成了舞台，兩隻冠羽畫眉的表演，彷若四角龍子幡、婀娜隨風轉。

　　十一月分的一個早晨在武陵農場，為了冠羽畫眉而著迷，可是冠羽畫眉的主場，卻是在南投縣的梅峰高地農場。

　　從一九九五年開始，臺大森林系研究團隊，在南投縣的梅峰高地農場，對台灣特有種冠羽畫眉，展開不同主題的研究項目，發掘牠們的生態模式，給人類展示鳥類世界未為人知的一面。

　　有一項研究主題為冠羽畫眉的合作生殖行為，論文內提到冠羽畫眉為終身配對鳥類，多對配偶會使用同一個巢穴繁殖，組合由四隻到八隻冠羽畫眉成為一個鳥群，組合的鳥群，可以是前次繁殖季節成長的雄鳥，跟外來的雌鳥配對，也有是外來的雄鳥配對後加進鳥群成為親鳥。每隻親鳥在各階段的繁殖工作都有參與，在築巢期、育雛期中所有親鳥都有分工，但是在孵蛋期，雌鳥付出就明顯較雄鳥為多。

　　冠羽畫眉多對配偶使用同一個巢穴繁殖，為能孵出的雛鳥能夠在競爭環境下提高存活機會，雌鳥會調整生蛋時間、孵化行為。有一項研究主題為冠羽畫眉生蛋期競爭策略，研究顯示，先孵化的雛鳥會比後孵化的雛鳥具有體重較重的優勢，超過七成後孵化的雛鳥出生八天後體重沒有增加，顯示成鳥餵食給體重較重的先孵化雛鳥搶占，這個優勢一直持續至幼鳥後期。論文觀察到冠羽畫眉雌鳥在沒完成下蛋的情況下，就開始孵蛋，這舉動引致雛鳥出生時間不一致，先孵化的雛鳥體重較重，使得有效競爭食物。多對冠羽畫眉使用同一個巢穴繁殖的模式，使得雌鳥採取不同步孵化策略以提高先孵化雛鳥存活率。

　　冠羽畫眉多對配偶群中，在巢穴裡會實行尊卑制度的等級排序方式，體型大和年紀老的雄鳥成為鳥群領袖，牠以鳴叫和驅逐其他鳥類來表現地位，階級較低的雄鳥會被壓抑，可是這一批低階級的雄鳥，卻以另外一個方式來表現。有一項研究主題為冠羽畫眉替代育雛策略，在共同巢穴的育雛方式，後孵化的雛鳥出生後比先孵化的雛鳥體重輕，這些體重輕的後孵化雛鳥幾乎占不到有利位置搶奪第一輪回巢成鳥的餵食，可是同巢穴內低階級的成鳥會餵食給後孵化、體重較輕的雛鳥；更者，低階級的成鳥選擇以次輪回巢，以避開第一輪回巢的競爭，這使得體重輕的後

孵化、較弱勢的雛鳥保存成長機會。

　　冠羽畫眉為終身配對鳥類，可是多對配偶會使用同一個巢穴繁殖、養育雛鳥，在一個研究項目探討冠羽畫眉巢穴內親子關係的研究，使用脫氧核醣核酸微隨體技術作親子鑑定。報告發現第二代雛鳥的遺傳基因，有八成與父母相同，卻有另外兩成為非親屬關係，顯示同一巢穴冠羽畫眉第二代，大部分為繁殖群親屬關係，可是也包含非繁殖群的幼鳥所組成。

　　冠羽畫眉一個巢穴，猶如人類世界裡一個家庭，巢穴裡有尊卑制度、等級排序，每隻親鳥在巢穴建設階段都有參與、互相分工合作，鳥群領袖的雄鳥跟配對的雌鳥，治理整個巢穴，負責孵蛋、餵食給先孵化的雛鳥，低階級的成鳥餵食給後孵化的雛鳥，整個巢穴各有所職，相互貢獻，使得巢穴裡親鳥群數目越來越大，整體存活率也較高。

　　身長不到十五公分的冠羽畫眉，扮演著科學研究項目的重要角色，幫助眾多學生們摘下頭銜，冠羽畫眉帶領著我們把鳥類世界跟人類世界的距離拉近。

————

內文提到的研究項目，在國立臺灣大學圖書館存檔，開放給公眾人士閱讀，在文本裡不詳細說明。

十一、漂亮鴨子花鳧

　　一月分參加台北市野鳥學會大型活動噶瑪蘭水鳥生態一日遊，午後到達五結鄉，從高架道路下來、旁邊一個加油站右轉，在一個遮雨棚旁邊停下車子，鳥導帶領、會友們浩浩蕩蕩沿著利澤路，往五十二甲濕地出發。

　　初轉進去，就察覺到鳥況很豐盛，紀錄下來，觀看的水鳥有六十一個品種，走進利澤西路、經過幾所民宿，已經到達濕地中心地帶，一眾會友稍事休息，卻看到鳥導面對著遠方池塘、架起雙筒望遠鏡觀看了好一陣子，終於喊話出來：「有一隻花鳧。」

　　這個宣布頓時在會友群中引起騷動，有會友慌忙架起望遠鏡往鳥導指示方向觀察，有會友馬上把照相機轉向遠方池塘、重新調校焦距，也有會友立刻奔跑到旁邊田基前面、希望占到一個靠近位置觀看，而我還是頭一回聽到這個鳥名，架起八倍雙筒望遠鏡觀看，只看到一隻花鴨子在池塘裡，可是立足點跟鳥仔有很大段距離，花鴨子輪廓卻是模糊不清。

　　鳥導已經架起單筒望遠鏡，馬上走過去排隊伍，在目鏡觀察，看到鳥仔墨綠色頭、頸配上紅色嘴喙，肩羽及初級飛羽均為黑色，而黑色尾羽隱隱可見，身體其他部位為白色，這鳥仔肯定不是一般的鴨子。匆忙地把三腳架打開，拿起五百公釐鏡頭，把攝影機調到二點七倍放大率，調校焦距，在觀景屏裡終於看到花鳧了。鳥仔休閒地在池塘中戲水，時而往左、時而往右，轉身的一剎那，顯現出胸、腹部之間栗褐色橫帶，花鳧身上體羽顏色分明：墨綠、緋紅、栗褐、雪白，慢慢悠悠地在水上浮動，體態婀娜多姿，猶如一朵鮮花奼紫嫣紅般在池塘中綻放。

　　在香港花鳧叫翹鼻麻鴨，翹鼻是描述在繁殖期、雄
鳥於嘴喙基部至額間紅色突起的瘤狀物，可是稱鳥仔為麻
鴨、卻有點不解風情。在台灣花鳧有很多別稱，俗名有赤
鳧、潦鳧、穴鳧、白鴨、冠鴨，縱觀這幾個名稱，只有花
鳧最為傳神，亦具詩意。

　　花鳧在古代文獻中常有記載，「鳧」字在《康熙字
典》裡為鳥部，注釋「鳧，水鳥，狀似鴨而小，背文青
色，甼腳紅掌，短喙長尾。」古文《詩經・大雅》篇首章
二句為：「鳧鷖在涇，公尸來燕來寧。」古文以鳧描述鴨

子,以鶩描述鷗,意思為野鴨鷗鳥在河中央,公尸赴宴多安詳。《南越志》內文「有私梟棲息松閒不水處,宿必以樹。」《山海經》描述「鹿臺山有鳥,狀如雄雞,人面,曰鳧徯。」可以知道花鳧在中國古代各地都有觀看紀錄。

花鳧全球分布在古北界,是動物分區中最大的一個區域,它涵蓋五個次區域:歐洲和西伯利亞、環地中海地區、撒哈拉沙漠和阿拉伯沙漠、中西亞、東亞,這區域共有一百多個國家。花鳧在歐洲西北部繁殖,冬天往南方遷徙,台灣為稀有過境鳥。在英國花鳧是留鳥,海岸線上很常見,居住在鹽沼和河口。花鳧英文名字為(Common Shelduck),翻譯過來是普通花鴨,要是在歐洲沿岸的海邊泥灘、河口、沼澤地帶,都能隨便看到花鳧,取名普通花鴨也可以理解,可是在台灣,花鳧卻一點也不普通,體羽顏色分明,一身花枝招展,是最漂亮的鴨子。

宜蘭縣五結鄉的五十二甲濕地,為昔日開墾土地面積而得名,位於蘭陽平原,冬山河側面地勢低窪,使得農耕地季節性被水掩蓋,休耕地更常年積水,形成淡水沼澤地。水生植物如蘆葦在沼澤地生長,提供氧氣輸送,有機養分堆積在底部,漸漸變為濕地生態,水棲昆蟲、小型甲殼類和無脊椎動物進占,構成魚類生存環境,亦成為了水鳥的絕佳棲息場所。每年冬天,大批候鳥選擇到五十二甲濕地休養生息,紀錄的鳥種達到一百五十多種,而花鳧為稀有過境鳥種,可能還沒有列進名目呢。

花鳧,是觀看過最漂亮的鴨子。

十二、蘭陽溪白額雁

　　從五十二甲濕地出來，往壯圍鄉方向跑，下午四時多到達四結尾，位置偏僻，接近蘭陽溪出海口，附近一帶幾乎沒有交通，車子隨意停泊在路旁。剛從旅遊巴士下車，前面一眾會友已經爬上草坡，聽到很興奮的叫聲說道發現白額雁，忙亂中弄不清楚形勢，還以為找到一個燕子品種，因為「雁」的讀音從沒聽過，只知道燕子的「燕」。爬上草坡架起望遠鏡，會友指示方向，終於看到如鴨子般外形、額基有明顯白色環斑白額雁，才知道找到的原來是雁鴨科的「雁」。

　　白額雁別名有花斑雁、明斑雁、或者農民直接叫作大雁，分化五個亞種，分別為指名亞種、太平洋亞種、加拿大亞種、阿拉斯加亞種、和格陵蘭亞種，在台灣度冬的是太平洋亞種。指名亞種分布在俄羅斯和西伯利亞，太平洋亞種分布在西伯利亞東部到加拿大北部，加拿大亞種分布在加拿大中部及西部，阿拉斯加亞種分布在阿拉斯加西部及南部，格陵蘭亞種分布在格陵蘭西部。

　　白額雁繁殖地在西伯利亞、北美洲北部、歐洲西部和格陵蘭西部，都是苦寒之地，冀望可以避開天敵，遷徙季節往南部分飛，各個亞種飛往不同地點越冬，到達中國、加拿大、美國、墨西哥、印度、緬甸、韓國、日本、香港和台灣。

　　白額雁為群組鳥類，在蘭陽溪口就有十四隻在活動，鳥仔們沒有跟隨其他水鳥聚集在溪水的沙洲上，卻占據整個近岸泥灘，分成幾個組別，有些在溪水旁邊泥灘覓食、有些走進蘆葦叢、有些把長長跗蹠曲進腹部，安然地坐在泥潭裡，展示休閒一面。原來在溪水邊蘆葦旁，走在最前面的兩隻雁一直在做瞭望工作，前面一隻往蘆葦深處看進去，監視草叢環境，後面一隻緊緊盯著河口、偵察水面情況，桿衛整個泥灘領域。

　　領隊的兩隻白額雁頭頸一隻往前、一隻往左，把額基白色環斑盡情顯露，黑色環斑外緣，隱約可見，淡紅色的嘴喙，在鏡頭裡顯示出橘黃顏色，可是白色嘴端清晰顯現，深褐色的頭、頸、背，配上黑褐色翅膀，凸顯出淡色羽緣，淺棕色的胸、腹，顯露出不規則粗黑橫紋，緊盯著河口的一隻鳥仔，露出白色臀部和橘黃色跗蹠。

　　這群組白額雁在蘭陽溪，應該有家庭、血緣關係，礙於噶瑪蘭水鳥生態一日遊要在當天回到台北解散，所以觀察時間不長，沒能確定。可是雁屬鳥種的白額雁為一夫一妻制，配對後終身不渝，一起生活、共同遷徙，在苦寒繁殖地誕生雛鳥後，養育雛鳥成長，帶領幼鳥一同南下，教導幼鳥遷徙，文獻紀錄有些幼鳥跟隨父母親鳥生活到下一個繁殖期，也可能是終生結伴在一個群組裡共同生活。

　　白額雁為雁鴨科鳥種，善於游泳，亦能潛水，越冬棲息地為湖泊、河灣、海岸、沼澤，雖然生境在水域一帶，可是鳥類日常生活更喜歡在陸地覓食和休息，需要喝水時才會到湖裡，在蘭陽溪口這群白額雁，就全數棲息在近岸泥灘。

　　白額雁喜歡在陸地生活，可能因為鳥仔在地上可以隨意走動，白額雁在地上奔跑一秒鐘可以跨越一公尺多，按照速度換算時速接近四公里，七十公分身軀，在一秒鐘內連連跨步走完一公尺，使人嘆為觀止，可惜在蘭陽溪未能目睹。

　　白額雁在台灣是度冬稀有鳥種，可是這幾年在台灣都有遷徙紀錄，很盼望可以在台灣對白額雁進行連續、長時間觀察，紀錄鳥種行為。為了能夠參加這次噶瑪蘭水鳥生態一日遊活動，提早一個星期親身前往台北市野鳥學會報名，經過和平東路二段，留意到有汽車客運在科技大樓旁開出，直達噶瑪蘭礁溪鄉、壯圍鄉、五結鄉，經歷過台北市野鳥學會的引導，應該有條件可以出行了。

十三、台灣特有種藍腹鷳

　　從噶瑪蘭回到台北，隔天就跟隨台北市野鳥學會舉辦的台中大雪山賞鳥生態遊，往大雪山觀鳥。從台北出發，中午前已經到達東勢區，沿著大雪山林道一直往高海拔方向前進，過了橫流溪，還沒到大雪山賞鳥平台點，在一個髮夾彎位置，發現了藍腹鷳。旅遊車剛停下，我就三步并作兩步跑到山坡旁，在一片石頭堆、落葉地上看到一隻雌性藍腹鷳。

　　雌鳥猩紅跗蹠襯托著臉部裸露皮膚，褐色背部鋪滿金黃色、箭頭狀斑紋，伸延到腹部的斑紋卻把箭頭打開，往尾巴發放出去。接近五十多公分身軀、金黃色彩，襯托著猩紅色裸露皮膚，散發著高貴氣質，藍腹鷳雌鳥外觀出眾，使人喝彩。這隻雌鳥在一堆碎石頭旁邊覓食，牠的嘴喙往石頭間隙探進，把枯葉翻動，尋找果實、種子和蚯蚓、毛蟲。雌鳥把頭頸轉過來時，猩紅色裸露皮膚盡情顯露。

　　三頭四頭雌鳥走過後，藍腹鷴雄鳥才姍姍而來，可是
雄鳥一出現，便成為焦點。雄鳥比雌鳥來得更使人喝彩，
鈷藍色飛羽，赤紅色肩羽、溶合進鉻綠色次級飛羽，卻在
背羽留下一大片雪白；猩紅肉瓣包圍著整個眼睛，凸顯出
白色冠羽，尾上覆羽如冰雪般潔白、長長地延伸至尾後，
把雄鳥身軀伸延至接近七十多公分。潔白白色冠羽、背
羽、尾上覆羽，襯托著鈷藍飛羽，雄鳥全身光耀亮麗，帶
著銅輝光澤，蓋過雌鳥的金黃色彩。雄鳥的出現，雌鳥們
只能靠旁邊站過去，鳥類世界裡雌雄之別，使人嚮往。

　　雄鳥、雌鳥群覓食完畢，遠離這片石頭堆、落葉地
後，才看到兩隻還沒有成年的亞成鳥藍腹鷴，閃閃縮縮的
在後面跑出，四處張望，看到雄鳥、雌鳥群都走了，才誠
惶誠恐地在這片石頭堆、落葉地覓食。

　　藍腹鷴，古時稱華雞，在十八世紀董天工著《臺海見聞錄》裡記載：「華雞，華雞較錦雞微大，冠與面俱赤，脛足亦然，尾黑白相間，長一、二尺，毛羽五色陸離。」

　　十九世紀時又稱斯文豪氏鷴，源於鳥類學家斯文豪（Robert Swinhoe）拿到一副藍腹鷴羽毛皮，意識到可能是雉鳥類的新品種，其後他捉獲一隻雄性藍腹鷴送到英國飼養，定期發出飼養研究報告給英國鳥類家學會，受到極大關注，藍腹鷴就以斯文豪命名，現在藍腹鷴的英文名字就叫作（Swinhoe's Pheasant）。

　　在五十、六十年代，藍腹鷴的生存常常受到威脅，主要原因歸咎于原居民的捕獵行為，除了作為食糧，也是為了獲得藍腹鷴的漂亮羽毛，尤其是白色長尾羽，供原居民作頭飾用途。更有甚者，當時年代來到台灣觀光的旅客們，離開前都喜歡帶動物標本回國，藍腹鷴出眾的外形，成為目標，這也激發過度捕獵行為。

　　在七十年代以後，外來人口逐漸移居台灣，需要移除森林，建立社區，開墾土地作農場、牧場用途，藍腹鷴原棲息地的中低海拔森林區域，持續遭受破壞，適合藍腹鷴居住的原始環境陸續減少，威脅藍腹鷴的生存。

　　台灣於一九八九年通過野生動物保育法，嚴禁民眾獵捕、買賣野生動物，移除了藍腹鷴給捕獵的風險；於一九九一年，政府以行政命令禁止砍伐天然林，使森林得以休養生息，重新建立原生態系統，旨意給藍腹鷴復原棲息地，使其生存有喘息機會，希望族群數量能夠提升。於二零零八年公報的保育類名錄、藍腹鷴為第二級珍貴稀有的保育類野生動物。

　　藍腹鷴，俗稱台灣山雞，生性安靜隱密，行動謹慎，常常悄然無聲地活動，只有在清晨和黃昏時分才在森林小徑覓食，可是警戒性極高，遇危險馬上躲藏，這些特性符合慣常給捕獵的動物，以提高個體生存機會。九十年代以後，藍腹鷴棲息地持續復原，從新建立生存條件，禁止獵捕行為，使藍腹鷴陸續減低警覺性，再者觀鳥人士，只是使用望遠鏡和攝影機跟藍腹鷴打招呼，使得鳥仔慢慢跟人類建立了互信，在大雪山國家森林遊樂區賞鳥平台附近山坡，慣常出沒覓食，與人類共享自然環境。大自然萬物相處之道，在於平衡，貴乎尊重。

　　藍腹鷴，台灣特有鳥種，全球只有台灣能看到牠們蹤影，在被稱為斯文豪氏鷴開始，台灣的藍腹鷴就在英國出名，再而進駐世界鳥史，引發全球人士開始注意台灣自然環境及動物物種。

十四、四眉仔臺灣噪眉

　　早上從大雪山賓館出門，往小雪山旅遊資訊站方向走過去，在天池旁邊一塊山坡地，草坪上有一塊標誌基石，旁邊還有一塊石頭，外形犬牙突兀，崢嶸顯露，沿上坡路還有塊塊石頭凸露，草叢跳出一隻鳥仔，還沒看得仔細，鳥導已經喊話說臺灣噪眉出來了，鳥仔從山坡草叢揚起翅膀，滑翔到草坪上。

　　臺灣噪眉身軀欖褐色，前胸滿佈模糊鱗狀斑，連接到灰褐色腹部，鳥仔雙眼瞪開滿滿，兩度白色眉線勾畫出暗灰色頭部，暗棕色的臉頰兩旁白色顎線分開稍微暗灰色喉部。藍灰色中央尾羽向旁邊伸展，凸顯出兩側金黃色羽緣，淡褐色嘴喙，配襯著暗肉色跗蹠。

鳥仔雙眼瞪著草坪，轉身往左邊連跨數步，用嘴喙在草坪插進，連連剁食，再抬起頭來時，橫伸著左面身軀，飛羽羽緣和兩側尾羽的燦爛金黃色，盡顯無遺，頭部可清楚看到白色眉線從上嘴喙基部經過眼睛、耳羽上方直到頸側，白色顎線從下嘴喙基部經過眼睛直到喉側。臺灣噪眉挺起胸膛、豎直尾羽，如彈簧般的跗蹠，輕輕搖動，銀白色眉線、顎線跟金黃色飛羽、尾羽，互相呼應，鳥仔不旋踵來一個大翻轉，展示右面身軀，眉線、顎線、飛羽、尾羽，給會友一覽無為。一月分大雪山早上十時多，在天池旁邊一塊山坡地成為了臺灣噪眉的舞台，鳥仔全方位展示華麗身影，給會友看過夠。

查閱《臺灣野鳥手繪圖鑑》，看到臺灣噪眉原叫玉山噪眉，是在台灣玉山首先發現，別名金翼白眉，看其名而知其外觀，非常恰當。台灣話稱為四眉仔，可最親切的是賞鳥人暱稱臺灣噪眉為憨鳥，意味鳥仔不懼怕遊人，容易被食物引誘與人類接近，大雪山天池旁臺灣噪眉的表演，可以看到憨鳥的特性。

臺灣噪眉歸於噪眉科、圓翅噪鶥屬，噪眉科內有十六屬、一百三十五個種，數量龐大，分布廣泛，棲地在東南亞和印度次大陸。其中圓翅噪鶥屬，有十九個種，棲地分布在中國西藏、雲南、西川、貴州、湖南、福建、廣西、廣東，印度，巴基斯坦，不丹，尼泊爾，蘇聯，塔吉克斯坦，緬甸，泰國，寮国，越南，柬埔寨，馬來西亞和台灣。縱觀圓翅噪鶥屬十九個種的噪鶥在東南亞和印度次大陸的分布，棲地、外觀的分別，符合地理隔離、異域物種形成現象，這個演變，要追溯到地質年代，從第四紀開始演示。

地質年代裡第四紀的更新世，畫分四個期段，年代在二百萬年前延續到一萬年前。更新世早期日照量的變化使到地球氣溫變冷，長期寒冷的環境，地球上大量的水變成冰，形成冰河，很多文獻稱這個時期為冰河時期。冰河向赤道推進，造成海水減少，全球大海退，海面降低數十公尺至百餘公尺，淺海的陸棚曝露出海面成為陸地，台灣海峽成為連接亞洲大陸的陸橋，容許物種經過相連陸地遷徙到台灣。

在更新世晚期，地球氣候逐漸升高，全球進入較為溫暖的間冰期，冰河融化後匯聚海洋，海岸線朝陸地邁進，海面上升接近一百三十公尺，原本連接亞洲大陸的陸橋逐漸被海水淹沒，形成現今時代的海洋，出現了台灣海峽，地殼運動使得台灣和亞洲大陸分開，造成地理隔離現象，

異域物種形成，在兩地各自進化。

　　十九個種的噪鶥，棲地環境不盡相同，外觀更是各異，而台灣的臺灣噪眉，為特有種，只在台灣可以觀看。臺灣噪眉特有種的形成，可以作為一個考察項目，深入研究，對異地物種進化現象，略探一二。

　　臺灣噪眉在十九世紀時期已經出現，在清光緒年間唐贊袞著作《臺陽見聞錄》述說：「四眉，狀微似畫眉，兩眼各有二白紋。」記載的是臺灣噪眉的描述。

　　從身處三千多海拔的大雪山下降到海面的台灣海峽，始於二百萬年前更新世年代橫跨到二十一世紀，閱讀《臺陽見聞錄》引申到《臺灣野鳥手繪圖鑑》，臺灣噪眉使人穿越古今，逾越台灣地質年代、生物進化、鳥類手冊領域，原來觀鳥，是可以使人拓闊視野。

　　臺灣噪眉四眉仔出眾的外觀、憨鳥的特性，在大雪山天池旁邊一塊山坡地看過後，一輩子都不會忘記。

十五、鷦鷯小鳥

　　早上從大雪山賓館出門往小雪山旅遊資訊站方向走過去的一段路，途中經過小雪山停車場，看到一小眾遊人鳥友在停車場圈圍在一個角落，架起攝影器材、聚攏一起在等候，走下去停留一會沒有觀察到什麼，就往天池方向過去。

　　從天池回到小雪山停車場，已經是早上十一時過後，看到這小眾遊人鳥友在停車場角落處手忙腳亂，有鳥友連連轉換位置、有鳥友把頭左右擺動、有鳥友蹲下身軀目不轉睛盯著前面窟窿，一副倉皇不定模樣。

　　走下停車場，在車道轉角處山坡旁混凝土下水道，裡面一條下水塑料管道，旁邊兩塊石頭，長滿地衣類植被，比較平坦的一塊石頭上面鋪上幾片掉落的楓紅落葉，我彎

著腰、眼睛朝前面窟窿查看，卻沒察覺任何異樣，可是旁邊會友已經連連按動快門。鳥導走過來，要我蹲下身軀，指向左邊石頭後面樹叢，我閉氣觀察，突然一隻鳥仔從樹叢跳躍出來，穩穩降落在左邊嶙峋起伏的石頭上，鳥仔正面對著我，露出整個淡褐色腹部和紅褐色右翼，栗棕色短尾高高翹在背上，尾羽上深色橫紋一覽無遺。

　　不旋踵鳥仔跳躍到旁邊平坦石頭上面，把頭轉到左邊，淺棕色頭部凸顯黃色眉紋，台北市野鳥學會會友看到，馬上說是鷦鷯，有會友問詢是否小鷦鷯？鳥導很堅定的說道是鷦鷯，沒有小鷦鷯，這是我首次聽到這個鳥名、也是頭一回看到鷦鷯。

　　鷦鷯科鷦鷯屬的鳥類，是唯一同時分布在舊大陸與新大陸地域的鳥類，在舊大陸喜馬拉雅山以北的歐亞大陸，非洲西北部，亞洲中部的中國、印度至地中海，東部的日本和台灣，新大陸的北美洲由阿拉斯加至加州山區，都可以找到鷦鷯。

鷦鷯屬全球共有四十四個亞種，中國地區有七個亞種，分別為東北亞種、產地在西伯利亞，普通亞種、產地在河北，喜馬拉雅亞種、產地在尼泊爾，四川亞種、產地在四川，雲南亞種、產地在雲南，天山亞種、產地在新疆。鷦鷯台灣亞種，產地在台灣阿里山，分布在二千五百公尺以上的叢林，大雪山是一個理想棲地。

台灣特有亞種的鷦鷯又名鴟、巧婦、山蟈蟈，查閱《四庫全書》中〈肇允彼桃蟲〉篇描述：「鷦鷯……燕人謂之巧婦亦謂之女鴟。」古人觀看鷦鷯用嘴喙取茅草、青苔、羽毛、藤蔓、樹葉等材料，在濃密灌叢、岩縫和樹洞中築起圓頂狀巢穴，在外側留一個出入口，感覺到小小鷦鷯，巢穴作工異常精巧，故稱之為巧婦、亦稱為鴟。台灣俗話稱鷦鷯為山蟈蟈，鷦鷯食物以昆蟲為主，包括直翅目的昆蟲，直翅目的螽斯，俗名叫蟈蟈，不能肯定這是否山蟈蟈名字的由來。

鷦鷯繁殖，一隻雄鳥配對多隻雌鳥，雄鳥在領域棲地築起數個巢穴，由兩個到六、七個不等，有紀錄顯示鷦鷯雄鳥可以蓋起十二個巢穴，雌鳥審視巢穴情況，感到滿意就在巢穴下蛋，多隻雌鳥占據不同巢穴，這現象古人觀察細微，在《四庫全書》裡描述：「……刺以縑麻若紡績為巢或一房或二房懸於蒲葦之上……。」古人觀鳥，明察秋毫，洞若觀火，使人嘆為觀止。

在魏晉時代、張華注作的〈鷦鷯賦〉詠唱：「鷦鷯，小鳥也，生於蒿萊之間，長於藩籬之下，翔集尋常之內，而生生之理足矣。」文體後段詠唱：「其居易容，其求易給。巢林不過一枝，每食不過數粒。」

詩經六義為「風、雅、頌、賦、比、興」，前三義「風、雅、頌」為詩經的三種體制，代表歌謠、歌曲、樂歌，後三義「賦、比、興」為詩經表現內容的手法。賦文

體表達方式是敷陳其事，賦亦解作鋪，也有鋪陳言志之意。張華觀察到鷦鷯，體型細小，生長於雜草田野間，築起簡單巢穴，雖然顯得尋常，卻能自給自足過日子。張華在〈鷦鷯賦〉詠唱鷦鷯，寄意作者出身寒門，過著自給自足的日子，不用依賴別人，用以勉勵世人所求不多，知足常樂。

　　張華觀看鷦鷯，寫出〈鷦鷯賦〉鋪陳言志之意，我觀看鷦鷯，卻想起一句成語「別有天地」，這個早晨在大雪山，另有一番境界。猶記及前年到大雪山時也有走過這個停車場，可能蹲上半天也看不出前面窟窿半點端倪，可是鳥導目光穿透樹叢，洞察鷦鷯位置。看到鳥仔，鳥導拋下鷦鷯名字，就揚長而去，而我還要翻閱圖鑑，找出類似鳥種比對，這就是天與地的分野。

誰能看到鷦鷯在那裡？

十六、紅喙嗶仔紅嘴黑鵯

　　三月分參加台北市野鳥學會舉辦的南投梅峰鳥語花香之旅，中午前到達埔里鯉魚潭，進到園裡，往左面走過去，在樹叢裡就有一群紅嘴黑鵯在舞動。烏黑的身體，凸顯出橘紅色嘴喙和雙腳，紅嘴黑鵯飛舞時，頭頂羽毛就往上豎起來，紅嘴黑鵯停棲時，嘰嘰喳喳的叫喊著。等到這群紅嘴黑鵯飛走後，鳥導打趣的說道：「這麼早就看到紅嘴黑鵯，這一趟鳥種一定很好的了。」

　　紅嘴黑鵯，在香港的亞種叫黑短腳鵯，可是在香港從沒有看到過。紅嘴黑鵯歸於短腳鵯屬，這個屬內有十個亞種，台灣的紅嘴黑鵯是特有亞種，在十七世紀時已有記載。

　　台灣原住民部落布農族，部落散居在中央山脈及山脈東側。族內傳說在很久以前，布農族的原神與大蛇鬥法，

布農族原神雖然獲勝，卻引來大蛇報復，大蛇盤成盆狀，堵塞部落水源下游，使得部落居所氾濫成災、洪水滔天，族人驚慌萬分，倉卒逃到玉山山頂。傍晚時分，玉山山頂溫度漸低，很多小孩跟年老族人們，都抵禦不了低溫而病倒。可是族人驚慌倉卒逃走期間，來不及帶上火種，沒能生火取暖，族中長老決定要到卓社山取回殘餘的火種。

　　洪水阻隔了玉山跟卓社山的路徑，族人沒法前往，長老請來青蛙幫忙把火種揹起划回來，可是下到水裡，火種馬上熄滅，還把青蛙背部燙成顆顆水泡，從此台灣就有了蟾蜍品種。長老又請來烏龜去幫忙把火種揹回來，烏龜下到水裡，火種又馬上熄滅，還把原來平滑的龜殼燙出不規則的裂痕，從此烏龜背部成為裂紋狀。這時有一隻叫做（haipis）的鳥仔，自告奮勇飛往卓社山取回火種，鳥仔用雙腳抓著火種，飛越山嶺到一半距離時，火種在雙腳間燃燒起來，鳥仔雙腳非常疼痛，就低下頭用嘴喙啥著火種，可是火種已經把雙腳燙到火紅，在到達玉山山頂時，火種也把嘴喙燙到火紅，而且全身羽毛都給燻黑了，但是鳥仔終於成功把火種帶回部落給族人。布農族很感激（haipis）鳥仔完成使命，教導族中小孩不能用手指指向（haipis）鳥仔，也規定族人不可以射殺（haipis）鳥仔。這個傳說中提到的鳥仔，考據下來應該就是紅嘴黑鵯。

　　另一個台灣原住民部落泰雅族，關於紅嘴黑鵯的橘紅色嘴喙和雙腳，也有一個傳說。相傳在古代泰雅族人聚居的村落，閃電引起山林發生森林大火，乾旱季節，火勢難以控制，漸漸逼近泰雅族人村落，情勢非常危險。族人長老請來山神，幫助撲滅大火，免得村落被燒毀，山神緊急召集以山林為棲息地的動物，要求牠們連成一片，協助撲滅大火。可是百獸之王老虎、天空猛禽雕鳥、水中惡霸鱷魚、無足而飛騰蛇，都為了自身安全而不願意冒險去救

火,其他動物看到這情景,紛紛四散逃命。這個時候,一群鳥仔、紅喙嗶仔排眾而出,自告奮勇去滅火,紅喙嗶仔族群全數出動,有些紅喙嗶仔用雙腳把燃燒樹枝折斷、使得火舌停止蔓延,有些紅喙嗶仔把燃燒樹枝用嘴喙唅著,飛到河邊拋進水裡,使得火勢慢慢熄滅,有了紅喙嗶仔的幫忙,森林大火終於給撲滅了。

可是奮勇救火的紅喙嗶仔族群,雙腳和嘴喙全給火燙成橘紅,全身羽毛都給燻黑了,從此這個族群,就帶著烏黑的身體,橘紅色的嘴喙和雙腳飛舞,紅喙嗶仔就是紅嘴黑鵯的暱稱。

短腳鵯屬的十個亞種,嘴喙和雙腳都為橘紅色,身體羽毛色澤可以分為兩種類型:第一種全身黑褐色、有幾個亞種背部跟腹部深灰色;第二種頭部為白色、身體為黑褐色,有幾個亞種頭部白色延到胸部。台灣特有亞種的紅嘴黑鵯,在十七世紀以前,身體羽毛色澤有可能跟其他亞種類似,可是經歷過洪水氾濫、森林大火以後,烏黑身體、

橘紅色嘴喙、橘紅色雙腳的紅嘴黑鵯，成為了台灣的特有亞種。

在埔里鯉魚潭跟紅嘴黑鵯打個照面，回到台北，有一次在挖仔尾走回八里途中，看到一隻紅嘴黑鵯停靠在一組電器組件上，雙腳緊緊抓著電纜，頭頂冠羽蓬鬆豎起，嘴喙指向天空，已經接近黃昏時分，天空變得灰暗，可是紅嘴黑鵯橘紅色雙腳和橘紅色嘴喙還是在頭頂閃閃發亮。

最眉飛色舞的一次是在大安森林公園，從捷運大安森林公園站出口，走到和平東路二段進口，又往回走到靠近生態池右面樹叢，看到一隻紅嘴黑鵯停靠在一棵榕屬樹上，榕樹粗壯枝幹上巨大葉片猶如雨傘般把天空亮光遮擋在外面，可是天空不為所動，亮光穿透葉片，照亮鳥仔橘紅色嘴喙和橘紅色雙腳，紅嘴黑鵯烏黑身體、給纍纍翠綠榕果包圍著，在燦爛天空中閃亮耀目。

台北市野鳥學會打開了一扇窗戶，天空中顯示的都是紅嘴黑鵯。

十七、墾丁灰面鵟鷹

十月分一個早晨，六時二十五分出門，從雙連站乘坐捷運到中正紀念堂五號門出口，乘扶手電梯上到集合點，已經有會友在等候，登上巴士，坐回編定座位，七時剛過，最後一位會友登車，啟程去恆春。

這次台北市野鳥學會安排的大型活動是到恆春墾丁觀看灰面鵟鷹，一行二十七位會友，鳥導兩人，駕駛員一人，共三十人出發去恆春墾丁。

灰面鵟鷹，過境遷徙鳥，秋天後從北方遷徙往南方度冬，再在春季回流，香港也有零星過境紀錄，並不常見。可是在台灣，每年十月分，都可以看到大群灰面鵟鷹集結在恆春墾丁作短暫停留，等待天氣容許下飛往南方度冬，在來年三月分才回流。

台北到恆春，距離四百五十公里，駕駛時間大約六個小時，車子從中正紀念堂出發，每兩個小時停靠服務站，使得駕駛員休息、會友們上洗手間。九時多到達湖口服務區，休息後過雲林縣到達彰化縣，中午在台南官田區吃午餐，下午到達南興服務區，再到春興路，過了公館到港漧，已經接近黃昏時分。車子停在路旁，會友們在一片草地上觀看灰面鵟鷹在高高的天空飛翔，天色灰暗，雲層低掛，群鷹在天空飛舞，站立在草坪，把脖子努力往後擺、抬頭仰望天空，只能看到粒粒黑點在雲層下舞動。

當天早上七時發車，五時多就要從床上爬起來，還要跑四百五十公里從台北到恆春，一路過來顛簸起伏，台北市野鳥學會協約的旅遊車跟駕駛員已經有一個標準，可是路途實在是遙遠啊。黃昏時段在港漧草坪，無論怎麼堅持，脖子還是不聽召喚，更遑論要提起五公斤重的長焦鏡

頭了。心底裡咕嚕咕嚕的說，在恆春觀看灰面鵟鷹、都是這樣的嗎？

夜宿墾丁青年活動中心，在墾丁大街經過繁榮夜市右轉就到大門口，活動中心過去就是情人灘景點，可晚上卻怎樣也提不起勁出去了。

第二天凌晨四時電話在床邊鬧響，也沒能弄清楚如何從床鋪爬起來，就迷迷糊糊的朝旅遊車轉進去，四時半出發往社頂公園，巴士停靠停車場，眾會友沿著公園小徑走、再高高低低的登上木質台階，往凌霄亭進發。

登上凌霄亭，凌晨五時還不到，周圍環境漆黑一片，原以為我們是最早的一批人，可亭裡卻已有兩個、看似資深鳥友在作預備工作，也有一小幫鳥友三三兩兩的在亭子外面平台聚合，心底裡不自禁的說，在恆春觀看灰面鵟鷹、真的不容易啊。

黎明時分，天色泛白，開始看到鳥仔在遙遠的淺山起飛，往天空盤旋，可是在目測下，都是如芝麻般大小的鳥仔，架上八倍雙筒望遠鏡觀看，更找不回來剛看到的芝麻點；可是在亭子裡，那兩個資深鳥友已經在工作，一個觀察員用小型雙筒望遠鏡觀看天空的芝麻點，不一刻就讀出一系列數字，旁邊紀錄員連忙寫進本子裡。循著觀察員觀看的方向架起望遠鏡檢查，卻只看到層層疊疊、灰暗雲層。

七時過後，鳥導帶會友們走下凌霄亭，在晨光中看到凌霄亭頂上拉著橫額寫著「秋季遷徙猛禽調查」，才知道那兩個資深鳥友是台灣猛禽研究會的調查員，整個早上看到如芝麻點子般懸浮在灰白天空的都是猛禽，應該是有灰面鵟鷹的，可是沒能力分辨呀！心底裡不期然咕嚕咕嚕的說，在恆春觀看灰面鵟鷹、都是這樣的嗎？

下午過後，來到滿州鄉文化路觀看灰面鵟鷹晚上停

樓點，巴士停靠車場，眾會友沿著車路過橋、走到復興路路口，迎著山上樹林，可以看到灰面鵟鷹在天空飛翔、盤旋、慢慢下降到樹林裡，可是復興路路口跟樹林還是有一段距離，未能看得清晰，但是比起早上凌霄亭的經歷，已經是好多了。

　　第三天早上也是凌晨四時喚醒，四時半到達港口吊橋旁的港口溪出海口，下車後，天色還是漆黑一片，一行人在公路旁順序排開，也沒有弄清楚要往那個方向去看。除了野鳥學會會友外，還有另一個團體在港口溪區，小伙子領隊跟我說了很多關於港口溪區的地理環境、鳥類狀況，獲益良多。

　　黎明時分，周圍環境黑糊糊一片，斗大月亮照耀著萬無天際的漆黑天空，看到灰面鵟鷹陸續出現，從黑茫茫的

森林起飛，爬升到高空，迅速橫跨斗大月亮，再往兩旁散下，群鷹迎著耀目月亮飛舞，是一幅扣人心弦景象。

　　天剛破曉，銀白曙光換成緋紅初露，朝霞覆蓋著港口溪區，天空泛出蔚藍色彩，灰面鵟鷹迎著朝陽，振翅高飛。這隻灰面鵟鷹，張開一公尺多的翅膀，在蔚藍天空底下展示翱翔姿態，胸部整片赤褐色，脛羽顯示褐色橫紋，指叉五枚、清晰可見，赤褐尾羽、暗色橫紋盡顯，看到灰面鵟鷹飛翔英姿，不禁題詠：「灰面鵟鷹志氣高，港口溪區領風騷」。

　　等到旭日臨窗，港口溪兩旁的海棗樹林，在晨曦中閃爍出翠綠色彩，灰面鵟鷹徐徐下降，盤旋停棲到海棗樹林裡。一隻灰面鵟鷹，跗蹠、雙腳緊緊抓著海棗的挺直枝葉，毫不理會特化成硬刺狀、如刺蝟般的海棗樹葉尖，面朝海岸強風迎風款擺，盡顯猛禽英姿，可是牠渾圓、漆黑、炯炯有神的眼睛卻沒有一刻離開過會友們聚合的方向。

　　在恆春觀看灰面鵟鷹，港滮草坪顯示粒粒黑點，凌霄
亭看到點點芝麻，原來是一種鍛煉，亮點是在港口溪區出
海口，從黎明時分到太陽高升，在三十多萬公里外欣賞鵟
鷹奔月畫面，再舉頭觀看灰面追日境況，台北市野鳥學會
帶領的這段觀鳥經歷，真的教人難忘。

合會
台北出發

　　參加台北市野鳥學會舉辦的大型活動，在鳥導帶領下，走訪了好幾個著名觀鳥地方。

　　武陵農場楓紅探鳥蹤，認識了位於雪霸國家公園內的武陵農場，中海拔山區，四季風情，不同鳥種按季節出現。步過武陵吊橋，沿山道往桃山瀑布方向，中、低海拔鳥種在樹林中露臉；沿著七家灣溪觀鳥棧道走，河鳥出沒，甚至在武陵富野渡假村，雌性、雄性鉛色水鶇的舞動表演，讓人驚嘆。

　　噶瑪蘭水鳥生態一日遊，認識到蘭陽平原濕地。宜蘭三面環山，容易產生地形雨，每年降雨日有三百多天，雨水衝擊河道，平原氾濫，逐漸形成沼澤地、變為濕地生態，吸引大批候鳥於遷徙季節進駐棲息，在五十二甲濕地觀看到稀有過境鳥花鳧，是最漂亮的鴨子。

　　大雪山賞鳥生態遊的經歷，讓我再一次認識大雪山國家森林遊樂區，還找到台灣特有種藍腹鷴，更者讓人津津樂道的，是在小雪山停車場山坡旁、混凝土下水道窟窿內，在鳥導幫忙下，尋找鷦鷯小鳥，領略到「別有天地」的境界。

　　南投梅峰鳥語花香探訪體驗，在埔里鯉魚潭初遇紅嘴黑鵯，回到台北，天空顯示的都是紅喙嗶仔紅嘴黑鵯。在梅峰會館夜宿，見識到附屬臺灣大學的梅峰山地實驗農場，以環境教育、園藝教學為主旨，推廣友善環境農業，示範維護生態與農業經營的平衡點。

　　恆春半島墾丁觀鳥活動，相對其他大型活動來說，比較艱苦。早晨從台北駕駛出發，到達墾丁已經是黃昏時分，每天凌晨四時起床，摸黑出外，卻只看到灰暗雲層下的點點芝麻，可是第三天在港口溪出海口吊橋的經歷，教人難忘，每次想起，都不禁詠唱：「灰面鵟鷹志氣高，港口溪區領風騷」。

　　五次出遊，不只辨認到不同鳥種，還找到台灣特有亞種，更者找到台灣特有鳥種，而且在大型活動期間，跟會友交談中掌握到尋找特別鳥種的地方，有條件可以再次出發。回到台北，定下計劃，除了走訪台北市內觀鳥點，更遠走基隆、宜蘭、以致位於嘉義縣的阿里山國家森林遊樂區，從台北再出發啦。

十八、黑鳶老鷹

　　閱讀台灣觀鳥書本，都有一個章節介紹基隆的海洋廣場觀看黑鳶。十月分一個早晨，從雙連站乘坐捷運到台北車站，往市民大道出口過去，剛出閘口就看到台北車站進站口，還能使用悠悠卡刷卡，進站就看到前方一個熒光屏，詳細列出前往基隆鐵路班次，沒有計劃要坐特意班次，登上在月台等候的區間列車，找到坐位、把背包理好。抬頭看到車廂裡的乘客、有一半是穿著校服的學生，列車過了五堵站，以後的幾個站頭都有學生陸續下車，列車到了三坑站，差不多所有學生都下車了。

　　由月台層走到大廳層，從北出口跑到外面，卻不是海洋廣場方向，車站設計不容許回走，只能夠沿著車站大樓旁邊小徑走到忠二路，再轉孝四路過去，在行人天橋上已經看到黑鳶在內海盤旋。三步并作兩步地走下台階，往

海洋廣場跑過去，在中間的長椅旁把背包摔下，拿出攝影機，對著內海飛翔的黑鳶連連按動快門，這是頭一回看到基隆黑鳶。

　　站立在海洋廣場圍欄旁邊，面向基隆內海，黑鳶群鷹舞動，從四方八面飛過來，又七彎八扭散出去，可是黑鳶絕不含糊，每一隻鳥仔都有既定方向。一隻黑鳶從海洋廣場後方飛過來，橫越內海，朝基隆港務警察總隊前蓋搭起的鋼鐵高塔闖去；另一隻黑鳶在半空盤旋良久，往海面迅速下降，再抬頭時嘴喙含起一塊獵物，往基隆市關稅局大廈飛過去；還有一隻黑鳶如高空轟炸機般、從半空往下俯衝，朝著停泊在岸邊的一艘關務署基隆關的船舶衝過去，卻在最後關頭，來一個超級大回轉，下降到海面、雙腳輕輕沾水，又高飛出去。還有三三兩兩的黑鳶，乘着內海氣流，在高高天空滑翔，鳥仔們初級飛羽基部白班顯而易見，六枚指叉呈現，黑鳶從南面俯衝而下、往北面飛騰過去，場面極為壯觀。

　　隔年十月分再到基隆，有了上次經驗，從南出口離站，步過行人天橋下到海洋廣場，在圍欄後站定，就看到在基隆文化中心大樓前，一隻黑鳶從右面跨越大樓，剛巧在「化、中」牌坊前面掠過，左面又來了一隻黑鳶，飛到大樓正在維修的牆壁前，兩隻黑鳶在半空中各自打一個照面，又往既定方向飛過去。再往外海方向遠望，群鷹舞動畫面依舊，使人雀躍萬分。黑鳶能夠在基隆內海任意飛翔，並不是必然現象，卻是很多人的努力成果。

　　九十年代開始，台灣黑鳶數量大幅減少，一個時期只剩下兩百多隻，這現象喚起社會關注，要把黑鳶復育。老鷹先生沈振中在基隆外木山觀察到一群黑鳶因為棲地破壞而消失，開始投入關注黑鳶計劃。沈振中先生辭掉教務，四方奔跑，深入黑鳶社群，以零干預黑鳶日常生活為原則，不分晝夜、遠距離觀察，紀錄黑鳶生活日記、族群數量，沈先生紀錄的黑鳶資料極為詳細，深度已經大大超越

物種資料紀錄的界線，這個關注黑鳶計劃、就做了二十年光景。

　　沈振中先生提供的黑鳶資料紀錄，製作成「老鷹想飛」紀錄片，在二零一五年播放，榮獲「環境保護獎」獎項，並喚起大眾團體對黑鳶進行保育。

　　在二零零四年，基隆市野鳥學會夥伴猛禽會，擬定台灣地區黑鳶保育計劃，各方研究顯示，造成黑鳶族群減少的原因是食物中毒，矛頭指向農夫使用不適當農藥耕作。有報告指出，在一塊十多公頃的農田，發現遍地都是死亡的麻雀、紅鳩和其他野鳥，屍體內都有高濃度農藥，黑鳶把中毒死亡的麻雀、紅鳩作為食物，也導致中毒死亡。保育團體從這個方向出發，倡導推行合符環境的友善農業，農田陸續變得適合野鳥覓食，也把黑鳶拯救過來。在二零一九年，台灣黑鳶數目已經超越七百隻。

　　黑鳶生活在人類中間，在市區港口、漁港魚塭、鄉郊農田覓食，黑鳶能夠健康成長，意味著農田符合有機耕種

條件，漁港魚獲得以免除毒素，港口海水沒有受到污染，黑鳶的生活、就是人類生活的縮影，如果我們能夠牢牢把握農田、魚塭、港口環境，黑鳶就可以任意在天空翱翔。

　　隔年三月分，在台北車站乘坐國光1815路線到金山區金山青年活動中心觀鳥。在中心出來後走進社寮社區，登上台階步出磺港，在堆滿消波石塊的小徑步行，前面出海口波濤洶湧，海浪一波接著一波往海堤衝擊。看到一隻黑鳶乘着內海氣流，在低空滑翔飛行好一陣，緩緩擺動兩邊翅膀，輕鬆地下降，雙腳抓著一棵丫型枯枝，眼睛投往波濤洶湧的出海口，呈魚尾狀的尾羽、顯而易見。

　　我沒有跨前半步，停下來靜靜觀看，在背後走過來一位男士，也在旁邊停下，問道：「這隻是什麼鳥仔？」我跟他說：「這隻鳥仔是黑鳶。」他再看了看，拋下一句：「是老鷹吧。」我微笑地跟他點點頭。

　　黑鳶、是老鷹吧。

十九、林森北路黑冠麻鷺

　　一月分跟隨台北市野鳥學會大型活動去宜蘭噶瑪蘭水鳥生態一日遊，觀看到超過六十多種水鳥，收穫豐富，可是對我來說，驚喜還在午後。吃完午餐、步出餐廳到外面空地，就在馬路對面看到一隻黑冠麻鷺、大模廝樣地站立在草叢前，身軀接近半公尺高，跟名字相配的黑冠、從冠部一直伸延到背部，頸部為紅褐色，腹部細條縱紋顯現，可是最矚目的是那黃色虹膜包圍著渾圓黑色眼珠，跟草叢裡朵朵黃花相互呼應著。

　　黑冠麻鷺，香港名為黑冠鳽，卻未曾看到過。
　　回到台北，在一個晴朗早晨，過到國立中正紀念堂。乘捷運到中正紀念堂站下車，由五號出口步行到樂活花園，剛把攝影機拿出來，就看到一隻黑冠麻鷺在前面草

坪上站立，頭頸伸得長長、靜止不動。我驀然止步、沒有再往前走，攝手攝腳地慢慢往最靠近的一把長椅移過去，安靜地坐下來、耐心等候著。還是一個很早的早晨，遊人不多，在這一片樂活花園，就只有我跟黑冠麻鷺在一起，然後就看到鳥仔頭頸束緊、翅膀並攏、胸腹往內縮進，把接近半公尺高的身軀，縮成只有一半體積，這動作維持十數秒；又突然把頭頸伸長、翅膀橫向、鼓動胸腹，把身軀漲大一倍。在這個安靜的早晨，黑冠麻鷺一直展示著這個動作。

同一天的下午，過到大安森林公園，從三號出口、經過兒童遊樂場，就看到一隻黑冠麻鷺在草坪。鳥仔把頭頸伸低到草坪上、頭往外側微微傾斜，銳利眼神一直凝視著長滿雜草的草坪，突然抬起頸部、把頭往草坪插進去，尖長的嘴喙刺穿土壤，等牠再冒出頭來時，嘴喙裡已塞進一條胖胖的蚯蚓。黑冠麻鷺抬起頭頸，鬆開嘴喙、讓蚯蚓垂

下，又瞬間伸出嘴喙，把蚯蚓牢牢鉗著，黑冠麻鷺來回連做這個動作好幾遍，鳥仔正在跟蚯蚓作一場拔河比賽。隨後黑冠麻鷺左右搖晃著頭，再使勁把蚯蚓往草坪上捶打，然後開始享用牠的午餐。

老一輩的台灣人稱黑冠麻鷺為大笨鳥，可能是看到鳥仔靜止佇立時的外觀，卻忽略了鳥仔覓食的動態。黑冠麻鷺帶著銳利眼神，感應地底環節動物移動引致的地面起伏，從而使用長而尖的嘴喙刺穿土壤，剁食地底蚯蚓，黑冠麻鷺不應該被稱為大笨鳥。

黑冠麻鷺英文名字為（Malayan Night Heron），翻譯過來是馬來亞夜鴉，名字切合其特性，黑冠麻鷺生活在低海拔森林、草叢地，性隱蔽、習性夜行，喜好在黃昏、夜間、破曉時分活動，不容易被觀察到。黑冠麻鷺另外一個別稱為暗光鳥，鳥仔警戒性極高，有其他動物靠近時會在原地突然靜止不動，伸長頭頸，模擬一棵植物，融進周邊環境，從外觀到習性、黑冠麻鷺確實像極一隻暗光鳥。

可是在台灣，都市公園中常常看到黑冠麻鷺身影，在草坪上盡情顯示半公尺高的身軀，遊走於灌木叢中、喬木樹下，出沒在生態池、花卉區，即使有遊人靠近也不躲藏，毫無戒心、休閒隨意地覓食。黑冠麻鷺在其他地方的族群多為稀有留鳥，在台灣的族群卻是都市公園常客。過往被認為行動隱密，不容易觀察到的黑冠麻鷺，來到都市公園後，卻改變了習性，這種轉變現象，可以成為一項研究課題。

三月分一個黃昏，從淡水回到林森北路住所，乘坐淡水信義線在中山站出站，往南京東路方向走，跨過林森北路左轉往長春路方向，右面是林森公園，竟然看到一隻黑冠麻鷺在公園外、慢條斯理地走動。已經是傍晚六時過後，林森北路兩旁交通川流不息、車水馬龍，下班人群絡

繹不絕地在行人道、步履如飛疾走，可是這隻黑冠麻鷺，
在行人道旁靠近馬路邊，一步三搖、不疾不徐地走動，用
尖長嘴喙動探路燈保護方塊裡、乾巴巴的土壤。

　　在香港從未看到過的黑冠麻鷺，在台灣盡情顯現，鳥
仔在噶瑪蘭呈現側面肖像、在國立中正紀念堂演示牠的晨
早活動、在大安森林公園顯露覓食技巧、在林森北路揭開
鄰居的一面。

　　台灣，是一個觀鳥寶島。

二十、金碧輝煌金背鳩

　　參加台北市野鳥學會大型活動武陵農場楓紅探鳥蹤旅程，路過南山時看到一隻好像珠頸斑鳩的鳥仔停棲在一根橫樹枝上，鳥導說是金背鳩，這是第一次聽到這個鳥名。回到住所，翻查《臺灣野鳥手繪圖鑑》，才認識到台灣金背鳩為普遍留鳥、台灣特有亞種、又名山斑鳩。

　　看到山斑鳩的名字，就有了一個概念，山斑鳩在香港是秋、冬侯鳥，也有過了春天、五月分才離開的紀錄，並不容易看到。而珠頸斑鳩、在香港是留鳥，除了在郊區、野外，在市區公園、居民小區，早晨、黃昏慣常看到。對山斑鳩的認識，源於有一次跟隨香港觀鳥會到米埔觀鳥，鳥導發現了山斑鳩跟珠頸斑鳩一同停棲在一棵樹上，打趣地說：「沒有看過生斑鳩跟熟斑鳩的……，」廣東話的「山」跟「生」為同音字，鳥導把珠頸斑鳩唸作「熟斑鳩」，就把山斑鳩凸顯出來了。

　　金背鳩的學名，（Streptopelia）源於希臘文的「項圈鳩」（streptospeleia），意思為頸部有條紋或斑點的鳩鳥。金背鳩跟珠頸斑鳩的區別，主要在頸側的頸輪：金背鳩頸側有黑白相間、條狀頸輪，從頸側延至後頸，宛如環狀珍珠；而珠頸斑鳩頸側的黑色頸輪、滿佈白色斑點。更者金背鳩雙翼羽緣閃亮棕紅色、比對著橙紅色虹膜，而珠頸斑鳩灰褐色雙翼比對著紅褐色虹膜，金背鳩外形比珠頸斑鳩亮麗多了。

　　隔年三月分前往台北南湖河濱公園，在東湖捷運站下來，往基隆河方向走，翻越行人步道天橋，在右岸河濱公園下來，往內湖復育園區過去。在右面草地上、行人徑旁看到一隻金背鳩，嘴喙往草地連連啄食，頸側的黑白相間條狀頸輪、盡情顯露，這是我在不足五公尺距離外，觀看到金背鳩，也是首個金背鳩紀錄。

　　同年十月分前往淡水，乘渡船過八里前往挖仔尾，從觀海長堤賞鳥區出來時已經是下午四時過後，走在小徑上，還沒有接到棧道口的位置，就看到一隻金背鳩停棲在一條電纜上。再往前走，鳥仔飛過來停靠在一株丫型樹枝上，頭頸往樹枝內特意扭進去，顯示牠的條狀頸輪，夕陽斜照、籠罩著牠整個背部，古銅色身軀，散發出金碧輝煌色彩。

　　在繁殖季節，金背鳩雄鳥會跟雌鳥配對，雄鳥在雌鳥面前展示飛行舞姿，然後降落在雌鳥旁邊，兩隻鳥仔並排靠在樹枝上，雄鳥一步一步擠近雌鳥，要是雌鳥接受邀

　　請，會停留在原位跟雄鳥配對。金背鳩雄鳥雌鳥配對後，雙宿雙飛，形影不離，終生結伴。

　　金背鳩築巢不大講究，在野外會把巢窩建在樹上；在市區內，巢窩常見在花盆、冷氣機支架、陽台夾縫、甚至陽傘架內。雄鳥把乾枯樹枝啥回，雌鳥把樹枝交錯堆集成盤狀，簡陋巢窩就完成。雌鳥產卵後，雌雄鳥輪流孵卵，雛鳥出生後，雌雄鳥輪流餵食。在整個繁殖過程中，金背鳩雄鳥跟雌鳥同甘共苦、齊心協力，撫養後代，直到幼鳥成長，能飛行離巢，這無疑是人類家庭的寫照。

　　金背鳩的分類，為鴿形目、鳩鴿科、斑鳩屬，這個屬種的鳥類，在古代已有記載。古文《詩經》首篇詩歌<關雎>，頭四句寫著「關關雎鳩，在河之洲。窈窕淑女，君子好逑。」河中小島上，兩隻雎鳩關關鳴叫，和諧對唱，君子求配偶，淑女得淑配。古人看到鳩鳥雌雄配對，比翼雙飛，以此詩歌詠唱愛情；鳩鳥配對後，結伴終生，寄語君子淑女應配之際，宜順天之則，正婚姻之禮，為萬物生

生，幸福的起源。

　　古人觀鳥，儘管型式不拘一格，觀察卻是精細入微，以鳩鳥結伴終生習性，托喻忠貞愛情。詠唱鳩鳥，寄意婚姻，這種委婉含蓄的表現手法，托意深遠，雖詩已盡、而意有餘。現今時代觀鳥，基於能夠使用精密光學儀器，使得觀察極為精準，鳥類外觀一覽無為，可是鳥類詠唱情懷、寄意託付，這種境界、難望古人項背。

　　香港的山斑鳩、台灣特有亞種的金背鳩，兩個名字相比下來，金背鳩名字境界無限，意象雋遠，耐味咀嚼。每一次到台灣，黃昏時分，都往戶外跑，期待著金背鳩給我顯示牠在夕陽照耀下金碧輝煌的背部。

二十一、大溪漁港鳳頭燕鷗

　　鳳頭燕鷗在生物分類中為鴴形目、鷗科、燕鷗屬，全球各地廣泛分布，超過三十多種燕鷗。鳳頭燕鷗為大型燕鷗，身長接近五十公分，黃色嘴喙長而粗大，前端淡色，頭頂有黑色長冠羽，前額、面頰白色，翅膀灰色，腹部灰白色，雙翼伸張時超越一公尺多，黑色的腳具有凹蹼足，身體輕盈，身軀流線型，這些特徵使得鳳頭燕鷗成為優秀飛行鳥類，長著凹蹼的腳和具防水功能的羽毛方便在海上覓食，有「海上燕子」稱號。

　　燕鷗屬的鳥類都為海鳥，在海洋生活，只在特定時間回到陸地繁殖，牠們也是長途遷徙鳥種，每年四月到九月為繁殖期，燕鷗從海洋飛回繁殖地，香港和台灣都是燕鷗的繁殖地。燕鷗選擇其他生物難以踏足的島嶼，在島上營巢、繁殖、養育雛鳥，到九月才回到海洋中生活。

　　鳳頭燕鷗每年夏季，都會來到香港繁殖、養育下一代，香港觀鳥會好幾年前有安排在七月、八月分，接待會員、預約船隻前往東北面的島嶼觀看鳳頭燕鷗，可是航程十分顛簸，而且不能登島，要在一個遠距離觀看。近年來，常有報導，有遊人違例登島，干擾燕鷗孵蛋，對燕鷗生境造成破壞，所以香港觀鳥會已經不再安排船隻前往外島觀看燕鷗。可是香港觀鳥會仍然與香港漁農自然護理署合作，進行燕鷗調查，系統地收集燕鷗繁殖資料，並向公眾宣揚保育訊息和正確的觀賞方法。

　　台灣馬祖列島、是燕鷗保護區，從東引鄉之雙子礁，北竿鄉之三連嶼、中島、鐵尖島、白廟、進嶼，南竿鄉之劉泉礁，莒光鄉之蛇山等八座島嶼，陸地面積十二公頃、海域面積六十公頃，是保護區範圍，對象為以這些島嶼作

繁殖地區的燕鷗，鳳頭燕鷗為其中一種，而且數量為台灣之冠。在〈二零一六年連江縣燕鷗保護區及自然地景經營管理計畫結案報告〉中指出在二零一五年於鐵尖島燕鷗繁殖成果最為成功，鳳頭燕鷗最大量超過四千隻，成功孵化的幼鳥估計有千多隻左右。

　　每年六月到十月是馬祖觀賞燕鷗的最佳時機，馬祖國家風景區安排生態賞鷗行程，每個行程一個半小時，從南竿福澳港或北竿白沙港出發，沿途行經北竿進嶼、鐵尖島、中島等燕鷗保護區，嚴禁登島，以巡航方式從遠處觀賞燕鷗。

　　從台北去馬祖，乘飛機從松山機場出發到達南竿、北竿，航程五十分鐘，可是航班常常受天氣影響停飛，還有一個途徑是海航，乘台馬之星從基隆碼頭到南竿，船程八小時。這個還不算是一回事，從南竿福澳港或北竿白沙港出海，船隻繞著島嶼航行，波浪過來，船頭迎著風浪往上翹、船尾就往下沉，波浪過去，船頭順著水流往下垂、船

尾就朝天翻，船隻上下搖晃，旱鴨子又怎能對抗得了台灣海峽的風浪呢。

可我卻在台灣找到一處觀賞鳳頭燕鷗的絕佳地點：位於宜蘭縣頭城鎮的大溪漁港。

五月分一個下午，在台北車站，乘坐宜蘭線區間車到大溪火車站，車程一個多小時，沿步道往北走，沒一刻就到達大溪漁港。朝碼頭方向，在圍欄旁遠眺外海，有鳳頭燕鷗挑戰大海裡的魚獲，從東海方向飛回來，降落在海邊一塊巨型礁石上。這座海邊礁石，應該就是鳳頭燕鷗的中途休息站，在礁石旁邊掛滿一條一條白色排洩物，說明了鳳頭燕鷗在這裡可以寫意地休養生息。

接近黃昏時分，出海的漁船陸續歸航，停泊靠岸後就把捕撈魚獲在碼頭邊旁處理，給剝下來的魚頭、碎肉、內臟，成為了燕鷗的食糧。在圍欄旁觀察，很多鳳頭燕鷗，從礁石起飛，越過碼頭鮮紅色燈塔狀建築物，飛翔到內海魚船停泊處，有從海面撿拾漁民丟棄的魚獲雜碎，也有更

冒進的、直接在魚民處理魚獲的範圍剷食。

在大溪漁港觀看鳳頭燕鷗，碼頭圍欄旁，燕鷗在外海飛翔，進到魚民處理魚獲範圍，燕鷗隨處覓食，只要站立在漁港內，都可以看到鳳頭燕鷗左右飛舞。可是最舒服的，是坐在魚港海鮮大樓二樓排擋餐廳，飽餐澎湖生蠔後，在海鮮大樓樓台邊，架起長焦鏡頭，從容地拍攝。

宜蘭縣頭城鎮大溪漁港，漁民辛勤作業，晨曦初露出海，暮色四合歸航，捕撈魚獲作為生計、不僅維持漁民生活，也成就了鳳頭燕鷗食糧；更者漁民與燕鷗安然相處，互相尊重，使得大溪漁港能成為台灣本島鳳頭燕鷗養育地。每年五月分，鳳頭燕鷗陸續飛到，繁殖、撫養下一代，待到秋天才回到度冬地。

這隻鳳頭燕鷗飽餐海面丟棄的魚獲後，迎著夕陽，飛向海邊礁石，往外海出去。面向東海的宜蘭大溪漁港，是觀賞鳳頭燕鷗的絕佳地點。

二十二、凌波仙子水雉

八月底一個早晨，乘捷運到台北車站轉乘普悠瑪列車280班次往宜蘭，九時四十分啟發、十時五十分就步出宜蘭火車站，沒有回頭細看夢幻彩繪幾米圖騰、也不理會長頸鹿塑像，直接往計程車呼叫點過去，登上小黃，往勝洋休閒農場出發。

位於圓山鄉八甲路的勝洋休閒農場，是一座水草植栽場，培育了許多台灣難得一見的水生植物，銷售到東南亞、歐洲、北美地區；園區寬敞，也是親子活動場所，假期到訪客人很多，可是吸引過來原因、是有「凌波仙子」外號的水雉。

勝洋休閒農場，在外圍一片池塘地，廣植菱角，成就了水雉生境，每年都有幾對水雉在農場成功繁殖紀錄，親鳥、雛鳥共游畫面在網上播發。

水雉，體態優雅，羽色亮麗，拖著長長尾羽，不疾不徐地漫步於葉面上，被稱為凌波仙子。台灣的水雉，名為雉尾水雉，是具有長尾羽的水雉鳥，所以又稱長尾水雉，偏好在浮葉植物上行走，贏得「葉行者」稱號，而在台灣，水雉經常棲息在菱角田間，故農民稱之為「菱角鳥」。

從停車場旁邊小徑走過去菱角田，在靠近餐廳的一方，看到一塊葉片上整齊地排列了四顆鳥蛋、葫蘆形狀、深褐顏色、在陽光照耀下散發墨綠色彩。一隻水雉環繞著這四顆鳥蛋周邊來回走動，一時高高舉起兩片翅膀、給鳥蛋遮擋陽光，一時扇動兩片翅膀、給鳥蛋散熱，鳥仔定時用嘴喙插進兩個鳥蛋中間、給鳥蛋轉個位置。水雉偶爾走到遠處，探頭進到菱角葉底、可能嘗試覓食，可是不會久

留，不一刻匆匆回到鳥蛋周邊又來回走動，盡顯愛護一面。

　　沿著菱角田往前走，看到一隻水雉帶領著三隻雛鳥，遊走在菱角葉片上，一隻雛鳥遠遠落後，只有兩隻雛鳥跟在親鳥附近，可是親鳥毫不理會。體重只有幾克的雛鳥，展開細長腳爪、點水輕躍、靈活地在葉片上連走；體重有一百五十多克的親鳥，伸出特長的腳趾及腳爪，展開凌波步法，在菱角葉片上跚跚漫步而行，盡顯婀娜多姿之態。親鳥尾羽已變短，可是黑邊包圍著耀眼金黃色的後頸，匹配「凌波仙子」稱號。這隻水雉親鳥帶領著雛鳥們，走遍整塊菱角田，探頭捕食菱角葉底的小魚、昆蟲、螺貝、蝌蚪，毫不理會在走道上觀看的遊人們，展示瀟灑一面。

　　從雉尾水雉正式被列進台灣鳥類名冊開始，在台灣各地平原、濕地環境，陸續有觀看紀錄。可是隨著人口增長、土地開發作民居，農業型態改變、池塘湖泊給填平，使得原棲息地的水雉族群，逐漸失去棲息、繁殖的環境，

最後僅剩下台南平原區域的菱角田，才有少數水雉聚居和繁殖紀錄。在一九八九年公佈的野生動物保育法，行政院農委會指定水雉為第二級「珍貴稀有的保育類」鳥種，族群數量不多於四十隻。

珍貴稀有的雉尾水雉，能夠在台灣成功保育，卻是源於台灣高鐵的開發。

在一九八零年台灣開始籌備興建高鐵，規畫路線在台南縣部分的路段，正好穿越水雉重要的棲息地 — 官田鄉葫蘆埤，台灣高速鐵路工程局籌備處承諾，深入調查施工對生態造成的影響，並提出應對方案，以確保工程設計與施工程序能夠減輕對野生動物的衝擊。

在一九九七年台南縣政府實施「菱農保護水雉巢蛋計畫」，這是台灣首宗保育重要案例，並於同年提選水雉為台南縣的「縣鳥」。

在一九九八年環保署審查過程，採用了保育團體提出的建議，在接近葫蘆埤、建立一個不小於四十公頃水雉復

育基地，同時間議決如復育可行、則擴大範圍。次年，在葫蘆埤南邊兩公里、台糖隆田農場租用十五公頃土地，並成立「水雉搶救委員會」— 由中華民國野鳥學會與台灣濕地保護聯盟、執行整個復育計畫。

　　基於這個議決，成立了位於台南市官田區裕隆路的水雉生態教育園區。跟隨台北市野鳥學會到墾丁觀鳥的旅程，回程時到訪水雉生態教育園區，遊遍園內水雉棲地，池塘種植浮葉植物，使得水雉能有活動空間，周邊建做成為水雉生活環境，使得水雉能有一個棲息、復康、繁殖、育雛，也是雛鳥的成長地。

　　環保團體的努力做出成績，水雉從一開始的少數族群，到現在每年接近六十隻、穩定在水雉生態教育園區棲息和繁殖。而從台南縣政府實施「菱農保護水雉巢蛋計畫」後，民間團體相繼響應，宜蘭縣圓山鄉的勝洋休閒農場，菱角田裡的水雉，使人印象深刻。

　　地方進步不容阻止，擴展交通網是每個城市必經之路，從台北車站到台南車站乘坐鐵路需要四小時多，而坐高鐵只需要九十分鐘，給市民帶來便利，可是興建高鐵、並不一定要犧牲大自然環境，也不一定要破壞動物生境。台灣高速鐵路工程局，以大自然為本、訂立法理基礎，籌備水雉復育計劃，邀請專業團體執行，成立了水雉生態教育園區。這個成功案例，給全世界顯示出一個與大自然同行的例子。

　　如凌波仙子般的水雉，每天都在台南跳舞。

二十三、阿里山黃痣藪眉

　　十月分參加台北市野鳥學會安排的一個大型活動,乘這機會提前幾天到達台北,計劃前往阿里山。

　　從台北車站乘坐高鐵到台中嘉義,在二號出口站台、乘坐台灣好行的台中嘉義-阿里山線,早上十時十分啟程,十一時三十分已經到達阿里山公車總站,進到阿里山轉運站,乘坐阿里山賓館接駁巴士,直接開進阿里山森林遊樂區,買好門票,不一刻就到達阿里山賓館。

　　當天下午,經過高樓步道過到舊事所,從六樓五十年代咖啡館出來,往觀日步道方向走,跨過沼平車站鐵軌,在祝山觀日步道標誌牌旁往上走。剛跨過第一段樓梯台階,就在第三員工宿舍前面,看到一隻鳥仔,在樹叢裡若隱若現、鮮蹦活跳,沒有跨前半步,反而往回走,跨下樓梯台階直到身體全給樓梯遮蓋著,眼睛視線剛好跟員工

宿舍成一個水平。不一會，鳥仔跳到宿舍前面的水泥花盆，跗蹠挺直立足在花盆圍邊，鳥仔全身橄欖綠色，胸部黃色，羽翼旁邊和背部有灰色補丁，襯托著頭頂、喉部的深灰色，黑色眉紋，可是最顯眼的是眼睛下方的橙黃色斑塊。體型不到二十公分，鳥仔猶如一粒小彩球，光芒四射的在水泥花盆圍邊跳來跳去。

　　這是我首次看到的紀錄，可是並不知道是什麼品種，第一個閃進腦海的念頭是紅嘴相思鳥。有一回在香港大埔滘自然護理區吊鐘林裡看到一小群，在一棵大樹旁邊跳躍，鳥仔們上身橄欖綠色，胸部黃色，兩翅有明顯翼斑，可是嘴喙卻是紅色，眼睛下方沒有斑塊，只有過眼白班，而且體型較小，這隻鳥仔應該不是紅嘴相思鳥。

　　往後的大型活動期間，把握機會把下載的鳥仔圖像給鳥導鑑定，鳥導看後很確定的說道：「這隻是黃痣藪眉。」

　　這隻黃痣藪眉並不是單一個體出現在阿里山，牠在員工宿舍前面水泥花盆圍邊撲棱雙翼，「喊、喊」鳴叫，不一刻就往右面森林轉進去，我立刻從樓梯台階跨步登前，隱身在水泥花盆旁邊。等待片刻就看到森林裡面，有兩隻黃痣藪眉在樹叢裡，嘰嘰喳喳、蹦蹦跳跳、飛來飛去，在迂迴曲折的叢林裡，鳥仔矯健地拍擊着翅膀，時而飛向前面，時而飛回後方，前一刻往左、後一刻往右。時間已經接近黃昏，森林裡光線暗黑，黃痣藪眉身上橄欖綠色，只能隱約分辨出來，可是眼睛下方的橙黃色月牙斑痣，猶如兩盞明燈般，在暗黑森林裡照亮著整個身軀。

　　站立在水泥花盆旁邊，出神入定地觀看，直到兩隻黃痣藪眉都隱藏在森林深處，才依依不捨地重拾樓梯登上台階、往祝山觀日步道方向走過去。

　　黃痣藪眉，又名藪鳥，「藪」字意思，是指草木積聚的地方，黃痣藪眉棲息地在闊葉、針闊樹林，活動範圍在樹林下層、山坡地藤蔓叢、也有在農民的種植園出現，故被暱稱為藪鳥。猶記得去年跟隨台北市野鳥學會到武陵農場楓紅探鳥蹤時，沿著七家灣溪建設的棧道走，常常聽到「喊、喊」的鳥鳴聲，會友們都說是藪鳥在叫，那個時候，還是一頭霧水的不知道藪鳥是什麼鳥種。

　　黃痣藪眉為藪鶥屬，在這個屬的生物有四個物種：紅翅藪鶥、灰胸藪鶥、黃痣藪眉和布坤藪鶥。紅翅藪鶥分布於中國大陸和東南亞的印度、緬甸、泰國、越南、老撾、孟加拉國、不丹和尼泊爾，由於物種分布範圍廣泛，種群數量穩定，在世界自然保護聯盟名冊裡評價物種為低危物種。灰胸藪鶥為中國大陸的特有種，棲地在雲南和四川的山區，種群數量不多、而且處於下降趨勢，在世界自然保護聯盟名冊裡評價物種為易危物種。布坤藪鶥更是一個傳

奇，在二零零六年五月在印度阿魯納恰爾邦的鷹巢野生動植物保護區出現後，確定為一新品種，當時紀錄種群只有十四隻，也沒能製作標本。黃痣藪眉，台灣特有種，種群數量普遍，未有減少趨勢，已在保育類鳥種名錄中除名。

　　黃痣藪眉，除了被稱為藪鳥，更有很多俗稱別名：黃胸藪眉、媒婆鳥、老鼠鳥、美人痣、蕃薯鳥、蕃藷鳥仔「閩南語」、溪頭老鼠，從這些名字就看到，黃痣藪眉在台灣是普遍受歡迎的鳥類。阿里山一次偶遇，觀看到黃痣藪眉，卻認識到八個鳥名，以後觀鳥時，要是聽到草叢裡喊、喊的鳥鳴聲，都可以很自豪的跟會友們說，這是藪鳥在鳴叫。

二十四、不黃黃鶺鴒

　　十月分一個下午，從台北住所，搭乘淡水信義捷運線前往淡水。從雙連站到淡水站捷運要走半小時多，淡水出站後再步行十五分鐘到碼頭，搭乘往八里的渡船，從八里碼頭還要步行三十分鐘多才到達挖仔尾自然保留區的牌坊進口。吃過午飯後從住所出門，到站立在挖仔尾自然保留區的牌坊進口，已經接近下午四點，交通時間總共費了三個小時多，路途很遙遠。

　　位於淡水河口左岸的挖仔尾，跟右岸的淡水共扼淡水河口，挖仔尾的入海口地形彎曲，而且是淡水河道最後一個彎曲處，所以被稱為「挖仔尾」。沿岸是一大片紅樹林，攔截淡水河沖刷下來的淤泥和沙石，逐漸形成濕地生態系統。行政院農業委員會於一九九四年，成立「挖仔尾自然保留區」，確定挖仔尾紅樹林濕地生態價值，是一個備受推薦的觀鳥點，紀錄鳥類接近一百種。

　　從牌坊進口沿著木棧道走，左邊是民房住宅，偶爾有居民坐在房子前面做小手作，右邊是開闊植被，雀鳥在灌木叢裡嘰嘰喳喳、歡蹦亂跳，也有鳥仔拍擊翅膀、飛來飛去。再過去是一個魚船停泊點，看到漁民在做魚務維修作工。在埠頭里拐點處往右轉，沿著混凝土小徑通往舊碼頭沙灘，右面還是灌木叢植被，左面已看到沙灘，在小徑盡頭處，前面是淡水河出口位，左邊一片蔓荊灌木，突然一隻鳥仔從灌木叢中跳出來，站立在一條橫伸枯枝上。鳥仔跟我距離不到五公尺，清楚看到鳥仔身軀黝黑色，細尖、黑色嘴喙伸前，黑色堅挺跗蹠和雙腳抓緊枯枝，尾巴一上一下擺動，這一隻是鶺鴒鳥仔。

　　鶺鴒科鶺鴒屬鳥類，認識四個鳥種：白鶺鴒、灰鶺

鴒、黃鶺鴒、和黃頭鶺鴒，白鶺鴒跟黃頭鶺鴒比較容易辨
認，白鶺鴒全身黑白色而黃頭鶺鴒頭、喉到胸腹顯現鮮黃
色，而灰鶺鴒跟黃鶺鴒辨認起來頗為困難，可我卻拿到一
個竅門。

　　跟隨台北市野鳥學會大型活動前往恒春半島，在途
中也找到鶺鴒，鳥導後來在車上詳細介紹四個鶺鴒鳥種外
觀的分別，可是因為當天在黎明時分就要到達港口溪區，
所以凌晨四時多就爬起來，雖然很想聆聽鳥導的解釋，但
人卻昏昏欲睡，最後只能聽到鳥導說的結論：「灰鶺鴒不
灰、黃鶺鴒不黃」。
　　挖仔尾的這一隻鶺鴒，鳥仔背、腰均為黑色，可是
在陽光照耀下，看到大覆羽、中覆羽及飛羽戴上淡黃色羽
緣，尾羽黑色，喉部、胸部、脇部、腹部、到尾下覆羽顯
現淡黃色，再看到嘴喙、眼睛、雙腳皆為黑色，應該是一
隻黃鶺鴒。

但是黃鶺鴒亞種紀錄下來有十八個，辨認亞種很有挑戰，這幾年在台灣觀鳥，也在參閱台灣鳥類資料，閱讀到黃鶺鴒歸類的變化，從二零一零年到二零二零年的十年時段中，在〈台灣鳥類名錄〉裡，黃鶺鴒的名稱和歸類都有了變動。二零一零年前，只有一種黃鶺鴒，在二零一零年，區分了普遍過境鳥的西方黃鶺鴒和不普遍過境鳥的東方黃鶺鴒，在二零一四年，依循分類系統，把台灣最常見的黃眉黃鶺鴒亞種歸類到東方黃鶺鴒，屬種內還有白眉黃鶺鴒亞種和藍頭黃鶺鴒亞種，西方黃鶺鴒被列為迷鳥。

黃眉黃鶺鴒亞種特徵為長而寬的黃色眉線配上黑褐色眼先、耳羽，面前這隻黃鶺鴒，黃色眉線在夕陽照耀下，顯得異常明亮，這隻東方黃鶺鴒應該是黃眉黃鶺鴒亞種，鳥仔雙腳緊緊抓著枯枝，尾巴一上一下，朝著淡水河，張開嘴喙、「唧—唧—唧」鳴叫。

離開挖仔尾自然保留區時，已經接近黃昏，乘坐渡船回到淡水，剛好趕上遊人們的夕陽氣氛。沒有急於離開，在小巷手工啤酒店拿了一杯九百毫升德國世濤啤酒，再在靠近碼頭的燒烤店餐點一份澎湖生蠔，泡沫如絲的世濤啤酒、散發著濃烈的烘培麥芽味道，苦味酒花融合進飽滿酒體中，跟燒烤後澎湖生蠔殼內的海水，在口腔裡融合、再而爆發，刺激著每一粒味蕾，參合出一份苦、甘、鮮、的口感。

登上捷運，在往雙連站的途中，還是不斷的想，今天在挖仔尾自然保留區看到的東方黃鶺鴒，一點也不黃呀。

二十五、台灣埃及聖䴉

　　每一次到台灣，都會到華江雁鴨自然公園觀鳥。十一月分一個早上，從雙連站乘坐捷運到龍山寺站艋舺公園出口，沿和平西路往環河快速道路方向走，跨過桂林路、長順街路口，登上樓梯，還要沿著快速道路旁邊行人路走一小段，公車、小黃、客運、貨運就在身邊呼哨飛馳，趕緊走到連接公園的下樓梯，才感到有點安心。

　　華江雁鴨自然公園，位於台北市野雁保護區內。於一九九三年行政院農業委員會依照野生動物保育法規定，劃設「臺北市中興橋、華中橋野生動物保護區」，於一九九七年，保護區往新店溪上游擴展至永福橋，面積達二百四十五公頃，並更名為「臺北市野雁保護區」。中興橋至永福橋水域，為淡水河支流新店溪與大漢溪的交流點，保護區內地勢平坦，支流水速緩慢，使得淤泥、砂石堆積，逐漸形成泥灘地；草本植物進駐，甲殼類動物出現，成為濕地生態，提供一個理想生境給鳥類覓食、營巢、育雛。

　　位於萬華區淡水河畔、華江橋下

的華江雁鴨自然公園，為野雁保護區的一扇窗口，每年從秋季到翌年春季，候鳥陸續飛臨，華江雁鴨自然公園紀錄鳥類有一百二十多種，在一九九八年國際鳥盟列出華江雁

鴨自然公園為重要野鳥棲地。

從樓梯下來，沿著小徑經過小賣亭，面向沼澤區，看到一群一群大鳥在淺水地域覓食，身高超過六十多公分，一公斤多體重，翅膀展開有一公尺多，黑色的頭部、頸部，像鐮刀一般的嘴喙，不停的往淺水裡探進去，大鳥占據了差不多整個沼澤區，其他鷺鳥只能往旁邊遠遠的站過去。

這是頭一回觀看到這群大鳥，回到住所，翻查《臺灣野鳥手繪圖鑑》，辨認出是埃及聖䴉，能夠在台灣看到，感到很驚訝。

翌年一月分再到華江雁鴨自然公園，埃及聖䴉數目沒有去年多，可是卻看到枯枝、乾蘆葦草堆砌成的巢穴三三兩兩、占據泥灘地，一隻埃及聖䴉在這隻巢穴旁邊，來回走動，也不知道巢穴裡面境況。

往後時段，參加台北市野鳥學會大型活動，在期間跟會友提到在華江雁鴨自然公園這個觀鳥經驗，卻聽到埃及聖䴉另外一面。

埃及聖䴉原生地在埃及，是為聖鳥。

古埃及尼羅河每年泛濫成災，洪水衝擊低地，掩蓋農田，等待汛期結束、洪水退去後，下游泥灘地堆積著沖刷下來肥沃泥沙，成就了農田肥料，使得農民可以開始耕作；而肥沃的泥土，徧佈蠕蟲及貝殼類生物，引領魚類進駐，也吸引水鳥、涉禽前來覓食，身軀巨大的埃及聖䴉，打動了古埃及人的心靈。

古埃及人感到每年埃及聖䴉出現時，就是農耕作坊時候，代表了鳥仔前來報訊，所以尊稱埃及聖䴉為聖鳥，也創造了智慧之神「托特」（Thoth），外型為埃及聖䴉頭戴在人身上。古埃及人把埃及聖䴉制成木乃伊、作為陪葬品，據說能引領亡者通往死後的道路，埃及聖䴉的圖形，也遍布金字塔內，可是埃及聖䴉現今已經不能在埃及看到。

埃及人在尼羅河建築水壩後，河水得以控制，下游再沒有泛濫之苦，可是上游堆積的肥沃泥沙，給沉澱在水壩

裡，再也帶不到下游，農田不再肥沃，河流改道，越來越乾燥的氣候導致喜歡沼澤濕地的埃及聖䴉在埃及消失。

但是身軀巨大而漂亮的埃及聖䴉，作為觀賞鳥被引入到歐洲的法國、義大利和西班牙，美國，澳洲和台灣，且在這些地區成為入侵種，歐盟列出十個強勢入侵品種清單裡、埃及聖䴉為其中一個品種。

引進台灣後，由於沒有天敵，埃及聖䴉數目每年上升，在二零一八年，估算有超於三千隻。族群在沿海一帶出現，也順著河流往內陸伸延，對台灣各地生態造成影響。埃及聖䴉的生境，跟鷺鳥重疊，而且體型較大，對鷺鳥影響尤為嚴重。在二零一九年，台灣林務局議決對埃及聖䴉進行移除計劃，方式包括採用陷阱、網具、套索、槍枝等，希望可以把數目降低。

隔了一年的三月分，前往八里觀鳥，渡船靠岸後沿小徑走，右面是淡水河出海口。剛走過八里婚紗廣場，靠近岸邊看到一隻埃及聖䴉在滿佈貝殼的礁石叢中覓食，一

直往岸邊靠近，好一會才朝東面飛過去。同年十月分再往八里，在挖仔尾自然保留區的牌坊進口，看到這隻埃及聖䴉在淺水區，把鐮刀一般的嘴喙往水面插進。跟鳥仔距離不到三公尺，清楚看到黝黑色頭頸、配上黝黑色、粗壯嘴喙，鑲嵌到珍珠白色身軀，尾羽上黝黑色、蓬鬆三級飛羽散落兩旁，外形超群出眾，埃及聖䴉鶴立雞群的造型，蒙騙了人類。

　　浩瀚宇宙裡，天體運行有其律法，使得晝夜分明；大自然養育萬物，亦有其韻律，獸鳥蟲魚，各從其類，依附各自生境而活。人類稱自己為萬物之靈，卻忽略我們也是大自然中的一分子，同樣必須遵行大自然律例，任意擾亂物種自然平衡，會帶來惡果。還需要多少個案例，人類才會學懂尊重大自然呢？

二十六、台灣特有種臺灣藍鵲

　　跟隨台北市野鳥學會大型活動武陵農場楓紅探鳥蹤旅程，收穫的不只是武陵農場的鳥況，更給臺灣藍鵲開了一扇窗戶。旅遊車從國父紀念館開出，鳥導就開始解說這次行程概括，然後輪到會友各自介紹，還有競猜鳥種數目。

　　在做介紹時，說道我從香港過到台灣，加進台北市野鳥學會成為會員，參加野鳥學會舉辦的大型活動，認識台灣觀鳥地點。說到在台灣觀鳥的困難點，提到有些鳥種名字在台灣跟香港不同，舉例說道香港的紅嘴藍鵲在台灣名稱是臺灣藍鵲，話還沒說完，馬上拿到眾會友回應：「不是紅嘴藍鵲，是台灣特有種臺灣藍鵲。」

　　從武陵農場回到台北，就一直尋找臺灣藍鵲。

　　十月分一個上午，在中正紀念堂樂活花園一棵樹上，終於看到一隻臺灣藍鵲，雙腳緊緊抓著樹幹，左顧右盼、

一派洋洋自得模樣。珊瑚紅色嘴喙襯托著珊瑚紅色腳趾，黯黑色頭頸和胸部凸顯出呈金黃色的虹膜，湛藍的腹部比拼著蔚藍色的翅膀，可是最矚目的是黑白相間的長長尾羽，配襯著兩根中央尾羽、末端為瞪瞪白色，直把蒼白的天空比下去。

臺灣藍鵲頭頂是全黑色、而紅嘴藍鵲頭頂中央到後枕有一條寬寬的白條，臺灣藍鵲腹部湛藍色而紅嘴藍鵲腹部灰白色，臺灣藍鵲背部蔚藍色而紅嘴藍鵲背部淺藍色，最明顯的是臺灣藍鵲虹膜是金黃色而紅嘴藍鵲虹膜是橘紅色。

可是紅嘴藍鵲在台灣確實有觀看紀錄，在二零零二年武陵農場附近發現了紅嘴藍鵲踪影，到二零零六年族群已擴大到十來隻，這發現引起林務局關注，在二零零七年議決從野外移除紅嘴藍鵲、轉交圈養的計劃。執行移除的人員以食物作誘餌，再以弓網、霧網陷阱作誘捕，這次野外移除計劃，進行了五次作業，成功地從野外移除了五隻成鳥、四隻幼鳥以及六顆鳥蛋，送到籠舍收容，轉作圈養。

紅嘴藍鵲出沒在台灣，使得擔心紅嘴藍鵲與臺灣藍鵲之間的雜交現象終於出現。在武陵農場移除計劃後，在台中縣大甲鎮與大安鄉的交界處接報有一對紅嘴藍鵲與臺灣藍鵲雜交養育了三隻雛鳥，移除人員緊急移除了那對藍鵲及三隻雜交雛鳥。

紅嘴藍鵲原產地在中國東北部，飛行能力不強，沒有遷徙習性，推斷不會飛越海域遷徙到台灣。可是紅嘴藍鵲外形豔麗，尾羽出眾，使得人類把鳥仔作為觀賞鳥帶到台灣，紅嘴藍鵲可能逃逸、或者被放生而成為逸鳥。紅嘴藍鵲跟臺灣藍鵲同為雀形目鴉科藍鵲屬，儘管外形差異，紅咀藍鵲的棲地、飲食和習性跟臺灣藍鵲重疊，這意味著物種競爭出現的可能性。再者使得擔心紅嘴藍鵲與臺灣藍鵲

之間的雜交現象，會造成基因汙染，令臺灣藍鵲喪失物種的特有性。這幾隻體型比臺灣藍鵲為小的紅嘴藍鵲，使得台灣保育人員忙亂了好一陣子。

臺灣藍鵲在台灣早期已有觀看紀錄，在董天工著的《台海見聞錄》裡，描述臺灣藍鵲：「長尾三娘，朱喙翠翼褐背，彩耀相間，尾長盈尺，生於諸、彰深山。」在台灣人心中，臺灣藍鵲占有一個地位，身長接近七十公分，顏色豔麗，黑白相間尾羽長長垂下，猶如仙女下凡。台灣原居民鄒族部落，尊稱臺灣藍鵲為神鳥，為鄒族的精神象徵，鄒族傳統服飾的湛藍色，據說也是取材於臺灣藍鵲的羽毛顏色。在二零零七年，由台灣國際觀鳥協會、台灣永續生態協會與立法委員會推動的非官方網路「國鳥選拔」賽，獲票最高的是臺灣藍鵲。

除了外形討好，臺灣藍鵲生活習性亦為人稱贊，雄鳥雌鳥孵化雛鳥後，親鳥會照顧雛鳥，可是前年孵生的幼鳥也會幫忙照顧，守候鳥窠、輪次帶食物回來餵飼雛鳥，這種行為跟人類家庭結構類似。原居民觀察到這個狀況，尊稱臺灣藍鵲為長尾山娘，老一輩的父老又暱稱臺灣藍鵲為山娘仔，山娘一詞，可以體會為山中的娘親，台灣人對臺灣藍鵲的感情，可見一斑。

在十九世紀給發現後，臺灣藍鵲就跟台灣人一起生活，從沒有離開過台灣人的心。

展望

　　首次造訪大雪山偶遇特有亞種白頭鶇，潔白頭頂戴著鮮黃嘴喙，驚嘆為寶島島鶇，再訪大雪山邂逅台灣特有種藍腹鷴，領悟到人類與鳥類相處之道，距離台灣賞鳥人「白藍帝」目標就只欠帝雉，可是我的目光卻放得更遠。

　　台灣本島南北寬長、東西狹窄，形狀酷似一片橢圓形樹葉漂在海面上，島中央地形為崇山峻嶺、從北到南縱貫全島，最高峰峰頂接近四千公尺，做就針葉林植被環境，提供獨特生態給高海拔棲地鳥類；高山下的丘陵和台地，寬葉林環境適合生活在中、低海拔鳥類；集中在西、南面的平原，地勢低平寬坦，超過一千公里海岸線的海岸林，提供合適生態給田鳥、涉禽、和水鳥生活。

　　澎湖群島位於台灣西南面，包含九十座島嶼，依「野生動物保育法」公告的貓嶼海鳥保護區，成為海鳥繁殖地，有海鳥天堂之稱。馬祖列島位於台灣西北面，包含三十六座島嶼、礁嶼，於二零零零年成立的馬祖列島燕鷗保護區，每年吸引數以萬計燕鷗在列島繁殖，使人目不暇給。

　　台灣，處處都是觀鳥點，紀錄鳥類六百七十四種，每一個物種都值得觀賞，應該享有鳥種獨特的故事。在香港觀看紅嘴藍鵲，在台灣觀看臺灣藍鵲，觀鳥，是可以拓寬視野，使目光投得更遠。

國家圖書館出版品預行編目資料

香港人在台灣觀鳥／鄭國上著. --初版.--臺中
市：白象文化事業有限公司，2022.2
　　面；　公分
ISBN 978-626-7056-69-1（平裝）
1.鳥類 2.賞鳥 3.臺灣
388.833　　　　　　　　　　　110019839

香港人在台灣觀鳥

作　　者　鄭國上
校　　對　鄭國上
發 行 人　張輝潭
出版發行　白象文化事業有限公司
　　　　　412台中市大里區科技路1號8樓之2（台中軟體園區）
　　　　　出版專線：（04）2496-5995　　傳眞：（04）2496-9901
　　　　　401台中市東區和平街228巷44號（經銷部）
　　　　　購書專線：（04）2220-8589　　傳眞：（04）2220-8505
專案主編　黃麗穎
出版編印　林榮威、陳逸儒、黃麗穎、水邊、陳媁婷、李婕
設計創意　張禮南、何佳誼
經銷推廣　李莉吟、莊博亞、劉育姍、李如玉
經紀企劃　張輝潭、徐錦淳、廖書湘、黃姿虹
營運管理　林金郎、曾千熏
印　　刷　基盛印刷工場
初版一刷　2022年2月
定　　價　320元

白象文化　印書小舖 PRESSSTORE出版發行　出版・經銷・宣傳・設計
www.ElephantWhite.com.tw　f 自費出版的領導者　購書 白象文化生活館